图 3-1 京 秀

图 3-2 奥古斯特

图 3-3 无核早红

图 3-4 维多利亚

图 3-5 优无核

U0201492

图 3-6 乍娜

图 3-7 夏黑

图 3-8 京亚

图 3-9 无核白鸡心

图 3-10　里扎马特

图 3-11　玫瑰香

图 3-12　醉金香

图 3-13　藤　稔

图 3-14　巨　峰

图 3-15　美人指

图 3-16　红地球

图 3-17　克瑞森无核

图 3-18　红宝石无核

图 3-19　秋 黑

图 3-20　魏 可

图 3-21　红 高

图 4-7　葡萄避雨棚

图 4-8　葡萄防雹设施

图 4-9　照度计

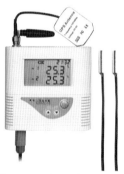
图 4-10　温湿度记录仪

图 4-11　二氧化碳气检测仪

图 5-1　葡萄根

图 5-3　温室葡萄栽植挖栽植沟

图 5-4　温室葡萄栽植苗木

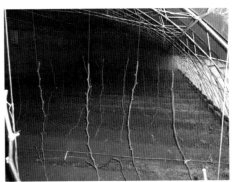

图 5-8　休眠期温室葡萄

图 5-9　修剪后温室葡萄植株

图 5-10　温室葡萄芽萌发不齐

图 5-11 抹破眠剂

图 5-12 喷破眠剂

图 5-13 喷石硫合剂

图 5-14 葡萄冬芽

图 5-15 冬芽萌发双生芽

图 5-16 冬芽萌发三生芽

图 5-17 地上部死亡，基部萌发新梢　　　　　图 5-18 葡萄夏芽

图 5-19 葡萄夏芽萌发副梢　　　　　　图 5-20 温室葡萄萌芽

图 5-21 双生芽抹芽前　　　　　　图 5-22 双生芽抹芽

图 5-23 双生芽抹芽后　　　　　　图 5-24 三生芽抹芽前

图 5-25　三生芽抹芽

图 5-26　三生芽抹芽后

图 5-27　定梢前

图 5-28　定梢

图 5-28　定梢后

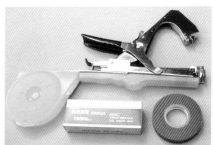

图 5-30　绑蔓器

图 5-31　葡萄绑蔓状

图 5-32　结果蔓

图 5-33 结果枝摘心前

图 5-34 结果枝摘心

图 5-35 结果枝摘心后

图 5-36 营养枝

图 5-37 副梢摘心

图 5-38 副梢摘心后

图 5-39　疏花序前

图 5-40　疏花序

图 5-41　疏花序后

图 5-42　灰霉病

图 5-43
穗轴褐枯病

图 5-44　葡萄花序

图 5-45　葡萄开花

图 5-46　葡萄果

图 5-47　温室葡萄结果状

图 5-48　葡萄疏果

图 5-49　喷药膨大处理

图 5-50　滴　灌

图 5-51　葡萄白腐病

图 5-52　炭疽病

图 5-53　裂　果

图 5-54　采　收

图 5-57　葡萄霜霉病

设施葡萄
优质高效栽培技术

孟凡丽　主编

化学工业出版社

·北京·

本书在简述设施葡萄栽培类型、适宜设施葡萄栽培品种等相关知识的基础上，详细介绍了设施葡萄全程优质高效栽培技术，包括设施葡萄常用的设施类型及建造、温室葡萄高效优质栽培技术、大棚葡萄高效优质栽培技术和避雨棚葡萄高效优质栽培技术等内容。全书内容详实系统，技术先进实用，语言通俗易懂，针对性、可操作性强。

本书适合广大农民和基层技术学员学习使用，亦可供农业院校相关专业师生阅读参考。

图书在版编目（CIP）数据

设施葡萄优质高效栽培技术/孟凡丽主编. —北京：
化学工业出版社，2017.6
ISBN 978-7-122-29567-5

Ⅰ.①设…　Ⅱ.①孟…　Ⅲ.①葡萄栽培　Ⅳ.
①S663.1

中国版本图书馆CIP数据核字（2017）第 092738 号

责任编辑：刘　军　冉海滢　张　艳　　　　　　装帧设计：关　飞
责任校对：吴　静

出版发行：化学工业出版社（北京市东城区青年湖南街 13 号　邮政编码 100011）
印　　装：三河市延风印装有限公司
710mm×1000mm　1/16　印张10½　彩插5　字数206千字　2017 年 8 月北京第 1 版第 1 次印刷

购书咨询：010-64518888（传真：010-64519686）　　售后服务：010-64518899
网　　址：http://www.cip.com.cn
凡购买本书，如有缺损质量问题，本社销售中心负责调换。

定　　价：**39.00 元**

前 言

设施（保护地）葡萄生产是相对露地生产而言，指利用温室、塑料大棚或其他设施，改变及调控葡萄生长发育的环境因子（包括光照、温度、水分、二氧化碳、土壤条件等），以促进或延迟葡萄上市或抵御冰雹、暴雨及霜害等恶劣外界环境，实现葡萄栽培目标，创造最佳经济效益的新型栽培方式。通过设施栽培，不仅可以使葡萄成熟期提早或推迟，延长市场供应时间，满足人们对鲜果周年供应的需求；同时可以人为调控设施内的各种生态因子，能为葡萄生长提供一个近于理想的环境，避开早春低温、梅雨、冰雹和病虫害等不利因素的影响。因此，可以大幅度提高果实的产量、品质、商品率和经济效益。

中国的设施葡萄栽培始于 20 世纪 50 年代初期。大面积的设施栽培在 80 年代中期开始迅速发展，尤其是进入 90 年代后，随着塑料薄膜日光温室的广泛应用以及栽培技术的不断改进和完善，葡萄设施生产以前所未有的速度向前发展。我国设施生产中葡萄的栽培模式较为规范，是栽培技术较为成熟的果树品种之一，主要集中在辽宁、河北、北京、天津等北方诸省（市）。由于其经济与社会效益显著高于露地栽培，因此近几年来发展迅速，将成为今后葡萄发展的新趋向，前景相当广阔。

设施栽培扩大了葡萄的栽植范围，在无霜期短的地区，能种植某些不能成熟的优良品种。这些地区如栽植生育期长的品种，浆果不能充分成熟，着色差、品质下降，实行设施栽培，则可使果实充分成熟，提高质量，扩大优良品种的栽培区域。设施栽培能较大幅度提高有效积温，延长葡萄生长期，使一些在当地露地栽培不能完全成熟的品种，能在棚内成熟良好，从而扩大了优良品种的种植范围。如我国黑龙江、辽宁、吉林、内蒙古等地已使在露地不能完全成熟的中熟优良品种在设施栽培条件下生产出优质葡萄。

设施栽培能使葡萄早熟丰产。设施栽培的葡萄结果早，丰产稳产，见效快、效益高。一般栽后第2年结果，第3年以后便进入盛果期。若管理精细，产量可稳定在较高水平上。设施栽培为葡萄生长创造了良好条件，定植当年生长量大，而且发育健壮，枝蔓芽眼充分成熟，花芽分化好，第二年即可结果，且产量较高，亩产在1000～2000千克，第三年即可进入丰产期，亩产2000～3000千克。栽培当年虽不能结果，但行间可种植蔬菜、花卉或繁育葡萄嫁接苗木等，均可获得较高的效益。同时设施栽培生长期长，利用葡萄多次结果习性，使葡萄多次结果，既拉开品种上市时间，又提高了产量。

设施栽培葡萄有利于控制病虫害传播，生产无公害果品。由于设施栽培环境相对密闭，可有效避免气象灾害，减少病害，利于葡萄品质稳定。葡萄的叶片和果实不直接接触雨水，从而可减少病害的发生，既节省了农药投资，又能生产出无农药污染的绿色食品，并能保护好果面不受泥土和尘埃污染。葡萄在露地栽培条件下，常在开花授粉期间遭受低温、降雨或大风的危害，致使坐果不良、穗形不整齐，而造成产量不稳定。而设施栽培能有效防御这些自然灾害，从而使坐果良好，有利于生产安全的绿色优质果品。

本书介绍了设施葡萄高效优质栽培技术要点，在传统技术规范的基础上，编录了近年出现的新品种和新技术，供读者参阅。在编写内容上我们力求从果农的实际需要出发，以生产实用技术为主，将理论知识融于技术操作中。以果树的物候期进展顺序为依据，重点突出周年生产管理技术。在编写体例上我们力求新颖，设置了知识链接和提示板内容，使版面变得新颖、活泼。本书的出版将有助于设施葡萄栽培管理，对生产有一定的指导价值。

在本书的编写过程中查阅了大量的著作和文献，在此向提供参考文献的众多研究者表示由衷的感谢。由于时间仓促，书中难免有不当之处，恳请广大读者见谅并批评指正，在此深表感谢！

编者

2017年5月

目录

第一章

概　述

设施葡萄生产是相对露地生产而言，指利用温室、塑料大棚或其他设施，改变及调控葡萄生长发育的环境因子（包括光照、温度、水分、二氧化碳、土壤条件等），以促进或延迟葡萄上市或抵御冰雹、暴雨及霜害等恶劣外界环境，实现葡萄栽培目标，创造最佳经济效益的新型栽培方式。通过设施栽培，不仅可以使葡萄成熟期提早或推迟，延长市场供应时间，满足人们对鲜果周年供应的需求，同时可以人为调控设施内的各种生态因子，能为葡萄生长提供一个近于理想的环境，避开早春低温、梅雨、冰雹和病虫害等不利因素的影响。因此，可以大幅度提高果实的产量、品质、商品率和经济效益。同时设施葡萄生产利用温室或大棚可以进行增温或降温，使葡萄的栽培区域也明显扩大。目前我国北方的黑龙江、辽宁、吉林、内蒙古等地在这一方面已经取得了很好的经验。

第一节　设施葡萄栽培的意义和特点

一、设施葡萄栽培的意义

设施葡萄栽培是在可控制的光照、温度、水分、气体等条件下进行葡萄生产，人为地提早或推迟葡萄的成熟期以及抵御某些不良自然灾害影响的一种特殊的葡萄栽培形式。因此，葡萄设施栽培在无公害生产中有其重要意义。

1. 避免自然灾害和减少病虫害，容易生产出无公害果品

传统的露地葡萄生产，花期因降雨、低温、大风等不利环境条件造成坐果率降低，进入雨季后，各种真菌性病害如白腐病、霜霉病等发生，严重影响到葡萄的品质和产量，给葡萄生产造成巨大的损失。而设施栽培中人为地为葡萄生产提供了一个较优良的环境条件，能够有效地抵御不良环境因素，减轻病虫害的发生与发展，从而大幅度减少了农药的使用次数和使用量，为生产无公害果品提供了一条良好的途径。

2. 提早或延迟葡萄的成熟期，调节市场供应

设施葡萄栽培通过对设施内的温度等条件的调控，可以人为地控制葡萄的成熟期。在1月中下旬葡萄休眠期过后揭帘升温，使葡萄在2月中下旬萌芽，在5月中下旬至6月上旬成熟，同一品种葡萄一般比露地栽培条件下提早成熟30～60天，延长了同品种的市场供应期，提早上市解决了市场淡季对葡萄的需求。

设施葡萄栽培除了可促成提早成熟外，还可推迟果实成熟期。在黑龙江省哈尔滨市、河北省怀来县、山东省平度市等地区采用后期覆盖技术，进行红地球、牛奶等品种的延迟栽培，使葡萄的采收期推迟到11月下旬乃至12月下旬，取得了良好的经济效益和社会效益。并且所生产的葡萄果实的品质也比贮藏的果品好得多。

一方面，我国露地葡萄成熟期一般都集中在7月下旬至10月上旬，而此期间我国大部分地区降水量大而集中，给优质生产带来不利的影响；另一方面，大量葡萄集中上市，必然造成葡萄供过于求、销售价格下降，严重影响了生产者的经济效益。设施葡萄栽培调节了葡萄市场供应，防止果品过分集中上市给生产与销售带来压力，对满足水果淡季供应起到了很大的积极作用。

3. 改善栽培环境，扩大葡萄栽培区域

在设施栽培条件下，可通过对各种环境条件的调控，延长葡萄的生长期以及创造适合葡萄生长的环境条件，扩大葡萄的栽植区域，生产高品质、无公害的葡萄产品。如我国的东北及西北北部寒冷地区，无霜期短，有效积温不足，许多优良的鲜食品种不能正常成熟，限制了葡萄的发展与生产。而在设施条件下，葡萄生长期可以延长60天左右。如在我国北方哈尔滨地区，在设施内栽培红地球品种延迟到11月底采收获得成功，使许多大粒优质中晚熟葡萄品种在这些地区的栽培成为可能；在我国的南方高温高湿地区，一些欧亚种葡萄由于抗逆性差、易裂果，在这些地区不能得到很好的发展，而大棚及避雨棚栽培形式的应用，使一些优良的葡萄品种如乍娜、京秀、凤凰51、香妃、无核白鸡心、萝莎等在这一地区得以成功栽培，改变了只能栽培巨峰、白香蕉、康太等欧美杂交种及美洲种的历史。

4. 高投入，高效益，栽培技术要求较高

葡萄植株体积较小，适应性较强，容易管理，栽植第二年就可以丰产，取得

很好的经济效益，更加适合于设施栽培。通过设施栽培，控制葡萄的成熟期，提早或延后供应市场，葡萄的价格和生产效益显著提高。如北京市通州区张家湾镇设施栽培京秀、87-1等品种，第三年亩产量1500千克（1亩＝667平方米），产值近3万元；河北省滦县商家林乡采用加温温室栽培乍娜、凤凰51等品种，亩产量1500千克，5月初果实成熟上市，每千克售价24～30元，产值高达4万元；辽宁省熊岳地区采用日光温室栽培巨峰品种，5月中下旬至6月上旬成熟上市，平均亩产量2000千克，产值亦高达4万元左右；黑龙江省哈尔滨地区采用大棚后期覆盖延迟栽培红地球等品种，平均亩产量1500千克，效益达到2万多元；福建省建瓯市建州区用避雨棚栽培黑玫瑰等品种获得成功，亩产量1589千克，每千克售价8元，产值1万多元。

葡萄设施栽培要求有一定的设施条件，在生产中，一般较露地栽培每亩多投入几倍甚至几十倍。设施栽培可人为调节温度、湿度等环境条件，栽培环境不同于露地栽培，不能套用露地栽培经验管理设施葡萄的生产，要求采用配套的高新技术管理，才能获得丰产、稳产、优质、高效益。

二、设施葡萄栽培的特点

1. 控制果实成熟期，调节市场供应

在设施条件下，可以人为地调控栽培环境因素，使葡萄果实成熟期提前或延后，甚至可使某些树种四季结果，周年供应市场。如一般露地栽培的巨峰葡萄等，6月初开花，果实于8月中、下旬成熟，在日光温室中，可以提前到2月下旬开花，4月下旬果实成熟上市。一些晚熟葡萄（秋红、晚红、秋黑）品种和巨峰、玫瑰香等中、早熟品种的2～3次果可在大棚中延后30～60天（10月下旬～11月中、下旬）采收上市。这对满足水果淡季供应起到重要作用。

2. 促进早果，提高产量

葡萄在设施条件下，各物候期提早，生长期延长，制造的光合产物多，成花一般较好。葡萄均能当年栽植，当年成花，次年结果或丰产。温室葡萄比露地增产1～2倍。

3. 促进植株生长，获得高、稳产量

在设施栽培条件下，可有效防御花期低温、降雨、大风的侵害，从而使授粉、受精过程正常进行，坐果可靠，产量较高。此外，由于葡萄果实提前采收或生长期拉长，使植株贮藏营养积累较多，花芽分化早而完善。对次年早期开花、坐果和新梢生长有利。因此，能取得连年丰产、稳产。

4.预防自然灾害

葡萄在露地栽培时常常受到暴风、降雪、冰雹、晚霜、暴雨等自然灾害。或者虽然不是直接灾害，由于间接的原因也会受到损失，但在保护设施中进行栽培，可避免和防御这类自然灾害，获得高产稳产。

5.扩大种植范围

葡萄由于系统进化形成了各自稳定的生物学特性，在自然条件下，对环境条件有一定的要求。设施栽培条件下，由于人工控制各种生态因子，因此不受地理条件的限制，只要能创造果树生育的条件，基本可以栽培各种果树。

6.提高果品的质量,生产"绿色食品"

设施条件下经过人工控制环境，大大减少病虫害发生率，增加果实的着色。由于设施的屏障，基本隔绝了大气、工业、水等各种自然和人为的污染源。对传染性的飞迁性病虫为害，也有一定的阻隔作用。这样，可大大减少打药次数和农药污染，有利于生产"绿色食品"，从而提高商品档次和质量。据张风岐报道，大棚栽培的葡萄，可溶性固形物含量为18％，露地栽培的为15％。据报道，设施栽培可增加葡萄果粒重、含糖量和果实质量。

第二节　设施葡萄栽培发展简史和现状

一、设施葡萄栽培发展简史

17世纪末，在法国首次出现产业化果树设施栽培，当时主要是栽培柑橘等热带果树。葡萄设施栽培起始于中世纪英国的宫廷园艺，后逐渐流行于西欧、日本。在亚洲，日本是葡萄设施栽培最发达的国家，栽培面积居世界首位。

我国设施（保护地）葡萄栽培可以分为4个阶段：

（1）20世纪50年代初期为起始阶段，首先是从庭院栽培中发展起来的。最早在天津、黑龙江、北京、辽宁、山东进行小规模试验，并初步获得成功。

（2）20世纪80年代后得到迅速发展，在东北地区和北京、河北、山东等地迅速扩大，栽培管理技术逐渐得到改进和提高，取得了大量的经验，并获得了较高的经济效益。

（3）20世纪90年代以后，我国江浙一带葡萄的避雨栽培蓬勃兴起，丰富了设施栽培的内容。

（4）截至目前，我国设施葡萄栽培面积已达 200 万余亩，其中，避雨栽培面积达到 150 万亩，促早栽培面积约 40 万亩，延迟栽培主要集中分布西北干旱产区，面积约 5 万亩。近年来，以旅游观光、采摘、科普教育等为主旨的规模化、现代化、多样化的设施栽培逐渐形成规模，尤其在城郊及交通发达的景区附近地区有快速扩大的趋势。

二、设施葡萄产业现状

1. 全球设施葡萄产业现状

到 20 世纪前半期，西欧设施果树以葡萄为主，其中荷兰、比利时和意大利等国葡萄设施栽培发展较快。至第二次世界大战前的 1940 年，荷兰大约有 5000 个葡萄温室，占地 860 公顷，主要分布在海牙地区；比利时大约有 3500 个葡萄温室，占地 525 公顷，主要分布在布鲁塞尔南郊；至 20 世纪 80 年代后期，意大利葡萄设施栽培面积已达 7000 公顷。

目前，世界设施栽培果树以葡萄为主。荷兰和意大利的鲜食葡萄几乎都是温室生产的。在亚洲，1882 年日本开始葡萄小规模温室生产。1882—1982 年，塑料大棚和温室葡萄面积近 4000 公顷，至 1994 年约 7000 公顷，占葡萄种植面积的 30% 左右，主要分布在北纬 36°以南地区，其中以山形、岛根、山梨、福冈和同心等县最多。韩国设施栽培历史最短，自 1980 年开始实施果树设施栽培以来，至今葡萄设施栽培面积为 683.77000 公顷。另外，加拿大、英国、罗马尼亚、美国、西班牙和以色列等国家葡萄设施栽培也有一定的发展，但与之大面积的设施花卉、设施蔬菜比较起来，仍显微不足道。近二三十年来，葡萄生产大国的设施栽培发展迅速，在管理水平上也大大提高。特别是一些大型的栽培设施中，已实现了用计算机调控设施内的环境因素，自动化管理，并逐步做到葡萄生产机械化、工厂化，在保证葡萄果品质量的前提下，基本实现了鲜食葡萄周年均衡供应。

在长期的设施葡萄产业发展中，国外已经形成系列配套的技术措施，有相应的专门从事设施葡萄生产的研发体系，为包含了从育种、育苗、栽培、植保、采后贮藏到包装、运输、专业市场的整套服务体系。通过不断优化的适应市场需求的品种，针对设施生态特点的品种和砧木的优选，针对不同葡萄品种的综合栽培管理体系，病虫害预测预报、生物防治和化学防治的病虫害综合防治措施，利用不断更新的空间设计和材料技术，实现了优质、高效、安全的设施葡萄生产，以优秀的品质和低能耗实现设施葡萄的可持续和环境友好型生产。

2. 我国设施葡萄产业现状

1979年，黑龙江省为了使巨峰葡萄能在当地安家落户，将葡萄栽植在薄膜温室里获得成功，收到了较好的经济效益。1979—1985年，辽宁省先后利用地热加热的玻璃温室、塑料薄膜日光温室和塑料大棚等进行了葡萄设施栽培研究，同样获得良好的效果。另外，山东、河北、北京、浙江、上海等地也相继进行了葡萄设施栽培的试验研究，取得了初步成效，筛选出了一批适合设施栽培的优良早、中、晚熟葡萄品种，开始在生产上推广应用，获得了较好的社会效益和经济效益。20世纪90年代初，随着人民生活水平的提高与市场的需求，葡萄设施栽培日趋兴起，已成为葡萄栽培发展新趋势。此后，由于密植矮冠早丰技术的发展、果品淡季供应的利润增加、设施设施材料的改进以及环境控制技术的提高等因素，使得葡萄设施栽培迅速发展。21世纪初开始，设施葡萄栽培得到了快速发展。

第三节　设施葡萄栽培发展趋势

一、全球设施葡萄产业发展趋势

1. 规模化程度迅速提高，栽培设施向大型化发展

大型栽培设施具有投资省、土地利用率高、设施内环境相对稳定、节能、便于作业和产业化生产等优点。设施葡萄栽培较为发达的国家选择在光热资源较为充足的地区，建立起大面积的大型栽培设施群，连片产业化生产，规模化程度大幅提高。例如，西班牙的阿尔梅里亚地区有面积1.3万公顷的塑料温室群，占西班牙全国温室面积的60%。意大利西西里岛上建造的塑料温室群，面积达7000公顷。

2. 设施节能技术受到重视

近年来由于全球频频出现石油危机，国际市场油价猛涨，设施燃料费用大幅度提高。面对这一现实，设施生产大国都在积极寻求节能对策来降低生产成本。主要是开发设施生产新能源，对设施生产提出了"栽培技术、设施结构、环境管理"三位一体的发展方针，以尽量减少能源消耗。

3. 逐渐向日光充足且较温暖的地区转移

为了节约能源，提高经济效益，发达国家在设施农业的布局上逐渐将重心从

较寒冷多阴雨的地区向较温暖日光充足的地区转移，在较寒冷地区只保留冬季不加温的设施。

4. 逐渐向发展中国家转移

20世纪90年代前，全球设施葡萄栽培主要集中在欧、美一些农业发达的国家和地区，近年来逐渐转移到气候条件优越、土地资源丰富及劳动力价格低廉的国家和地区，特别是在一些发展中国家设施葡萄开始迅速发展。

5. 逐渐向植物工厂发展

植物工厂是继温室栽培之后发展的一种高度专业化、现代化的设施农业。它与温室栽培的不同点在于，完全摆脱自然条件和气候的制约，应用近代先进技术设备，由人工控制环境条件，全年均衡供应产品。

随着发达国家设施葡萄面积不断扩大，管理机械化、自动化程度逐渐提高，计算机智能化温室综合环境控制系统开始普及，技术先进的现代化设施成为葡萄生产的重要方式，形成设施设备制造、环境调控、生产资料供应为一体的多功能体系，工厂化生产已成为设施葡萄生产的发展方向。设施葡萄栽培最为发达的日本、荷兰和比利时等国家，其设施环境条件如温、湿、气、水等调节已达到计算机全自动控制的现代化水平。

二、我国葡萄设施栽培的发展方向

设施栽培集中体现了园艺技术的复杂性、综合性与经济性。先进国家的栽培经验为我国大面积推广、应用奠定了基础。同时栽培目标的扩展、环境控制技术的发展、淡季果品供应的高额利润等因素势必使葡萄设施栽培成为今后发展的一大趋势。但与露地栽培相比，尚有许多方面不够完善，经验少，技术要求高，目前为止，尚没有一套适应于不同品种、地域的配套栽培技术，因此设施栽培在我国应量力而行，切勿一哄而上，盲目发展。

今后葡萄设施栽培应重点研究以下几个课题：一是设施构造。目标是功能强、成本低、节能、小型化，并研究适宜的覆盖材料、构形特征、成本收益、功能控制等。二是确立优质高产栽培技术。包括适合于设施栽培的品种的筛选与选育技术，树体结构与整形修剪技术，环境调节与控制技术，土、肥、水管理模式，生理障碍及病虫害防治等技术。三是设施条件下生理基础的研究。生理基础的广泛深入研究是确立栽培技术的依据。应加强葡萄周年生长分析与发育生理方面的研究，探明各种设施环境因子与果树生长发育、产量、品质构成之间的相关性及最佳调控模式。另外应开展不同品种的低温需求量与适应性，营养的吸收、分配、运转特性，内源激素的相应体系以及生长调节剂应用等方面的研究。四是设施栽培的配套研究。葡萄设施栽培的社会效益、生态效益、生产体系、销售体系等都是今后研究的内容。

目前，关于葡萄设施栽培已做了大量研究工作，取得了一定的进展，然而这些研究尚属栽培试验总结，比较浅显，缺少系统性。今后葡萄设施栽培研究应在现有工作的基础上，针对存在的不足，重点加强以下几方面的研究：①葡萄专用设施结构的规范化，新型覆盖材料和保温材料的研制、开发，降低生产成本的综合技术等；②在对现有优良品种进行评价的基础上，筛选适合于设施栽培的早、中、晚熟品种；③研究葡萄品种的低温需求，寻求打破休眠的技术措施；④研究设施栽培条件下，葡萄的生长反应和生长发育规律，寻求一年多次结果的措施，为建立优质、高产、高效的设施栽培模式提供理论依据；⑤研究设施栽培对葡萄的基础生理过程的影响；⑥研究设施栽培条件下的营养特点、需肥规律和施肥技术；⑦研究设施葡萄连年丰产栽培技术；⑧研究设施葡萄的病虫害管理生物防治技术；⑨研究设施栽培条件下葡萄的化学和人工调控技术、促花促果技术；⑩因地制宜建立适合当地气候条件的优质、高产、高效的葡萄设施栽培模式。

三、我国设施葡萄产业存在的问题

近年来，我国设施葡萄产业发展迅速，但与一些先进国家相比，还有较大差距，存在诸多有待解决的问题。

1. 品种结构不合理，缺乏设施栽培适用品种

目前，我国设施葡萄生产品种结构极不合理，以巨峰和红地球为主，其他品种较少，难以满足消费者的多样化需求。而且目前我国设施葡萄生产所用品种基本上是从现在露地栽培品种中筛选的，盲目性大，对其设施栽培适应性了解甚少，甚至有些品种不适合设施栽培，因此引进和选育葡萄设施栽培适用品种已成为当务之急。

2. 设施结构不合理

我国大多数设施葡萄生产设施除避雨棚外仍旧沿用蔬菜大棚地结构模式，以日光温室和塑料大棚为主，这些设施虽然结构简单、成本低、投资少、保湿性能好，但存在明显的缺陷。如建造方位不合理、前屋面角和后坡仰角较小、墙体厚度不够、通风口设置不当、空间利用率低、光照不良且分布不均、操作费时费力、抵抗自然灾害的能力低等。同时，目前设施葡萄生产中缺乏适宜设施葡萄生产使用的透光、保温、抗老化的设施专用棚膜，而且保温材料多为传统草苫，其保温性能差、沉重、易造成棚膜破损。

3.机械化水平低，工作效率差

目前在我国设施葡萄生产中自动化控制设备不配套，机械化作业水平低，劳动强度大，工作环境差，劳动效率低（仅为日本的1/5）。设施生产设备是设施生产技术的薄弱环节，对设施葡萄的进一步发展已经形成制约。目前虽然研发了一些设施生产装备，但这些装备在生产效率、适应性、作业性能、可靠性和使用寿命等方面仍存在一些问题。

4.节本、优质、高效、安全生产模型尚未建立

尽管自20世纪90年代以来我国设施葡萄生产发展很快，就不同品种、不同生态型的葡萄设施栽培技术发表了大量的经验性总结文章，但总体来说仅仅是建立了我国设施葡萄生产技术体系的雏形，距标准化的要求还有很大差距。深入研究不同地域、不同品种、不同类型设施栽培条件下葡萄的生长发育模式及适宜的环境指标，进而提出相应的节本、优质、高效、安全生产技术模型，是实现设施葡萄标准化生产的有待于研究的课题。

5.果品质量差，产期过于集中

当前，我国设施葡萄生产中大多对果品质量重视不够，主要表现为经设施栽培后，果实含糖量降低、酸含量增加、风味变淡、着色较差，果个偏小和果实畸形率高等现象。除与种性有关外，还与栽培技术有很大关系。而且目前我国设施葡萄生产主要以促早栽培和避雨栽培为主，产期主要集中在5～11月，缺乏元旦和春节期间上市的葡萄品种。

6.连年丰产技术体系尚未完善

葡萄经设施栽培后，存在严重的"隔年结果"现象。大多数品种第二年产量锐减、品质低劣，严重影响设施葡萄生产的经济效益和可持续发展。

7.设施葡萄产业化程度低

设施葡萄生产高投入、高产出、高技术和高风险的特点，决定了其必须走产业化发展之路。然而当前我国设施生产分布范围广而分散，规模化生产和集约化程度低，而且在实际操作中仅重视生产环节，对果品采后的分级、包装以及市场运作和品牌经营等不够重视，生产形式单一，以鲜食为主，并且还远没有形成产业化基础。龙头企业规模小，带动能力差，市场经营绩效差。

8.体系与规则建设任重道远

我国设施葡萄标准化生产尚处于初级阶段，许多标准欠缺，已制定的一些标

准有待于组装集成和实施。我国专业信息服务网络还不完善，存在明显的信息滞后和信息不对称。农民组织化程度低，抵御市场风险和自然灾害的能力很差，急需建立起符合中国国情并行之有效的合作组织。营销单位不遵守市场规则，无序竞争，竞相压价，扰乱市场秩序，这是影响我国设施葡萄经济效益的重要制约因素。

9. 科技支持力不足

目前我国设施葡萄生产主要品种基本为国外引进，拥有自主知识产权的品种不多；葡萄育种新技术还未有实质性突破；适应中国国情的葡萄设施栽培标准化生产技术体系尚无规模成果；拥有自主知识产权的重大新技术、新成果少。

10. 现代技术推广体系急需完善和创新

现阶段我国农业科技推广体系已严重不适应发展现代农业的要求，基层科技队伍不稳定，人员数量下降，技术素质差，没有稳定充足的经费来源，严重影响了设施葡萄生产新技术的推广应用。

四、促进我国设施葡萄产业发展的对策

根据党代会提出的"积极发展现代农业，大力推进农业结构战略性调整，实施蔬菜、水果等园艺产品集约化、设施化生产"的要求，我国设施葡萄产业发展的总体对策是依靠葡萄设施管理技术创新和新技术推广、实行规模化生产，大力提升市场竞争力，促进农民增收、农业增效，以实现我国由设施葡萄生产大国向产业强国转变。

1. 实施区域化发展战略，建设优势产业带

发挥地方优势，实现均衡发展，重点建设优势产区。在优势产区实施标准化生产，进行先进技术组装集成与示范，强化产品质量全程监控，健全市场信息服务体系，扶持壮大市场经营主体，加速形成具有较强市场竞争优势的设施葡萄产业带（区）。

2. 加强设施葡萄专用品种的引进筛选、自主选育和种苗标准化生产体系建设

我国要在设施葡萄产业争取国际竞争优势，必须坚持"自育为主，引种为辅"的指导思想，充分利用我国丰富的葡萄资源，选育适于我国设施葡萄生产的优良专用品种和抗性砧木，加大国外设施葡萄优良品种及适宜砧木的引种与筛选，为设施葡萄产业发展提供品种资源支持。

我国葡萄良种苗木繁育体系极不健全，品种名称炒作现象繁多，乱引乱栽、假苗案件时有发生，葡萄检疫性虫害根瘤蚜有逐步蔓延之势，许多苗木自繁自育，脱毒种苗比例不足2％，出圃苗木质量参差不齐，严重影响了设施葡萄生产的建园质量及果园的早期产量和果实质量。加强我国葡萄良种苗木标准化繁育体系建设已势在必行。

3. 研发设施葡萄节本、优质、高效、安全生产技术体系，提高产品质量，调节产期，实现连年丰产丰收

加强设施葡萄低成本、洁净优质、连年丰产理论与技术的研究与推广，实现设施葡萄的连年优质丰产和可持续发展。

加强研发适合我国国情的设施结构和覆盖材料，即小型化、功能强、易操作、成本低、抗性强，适合设施葡萄生产的设施结构和覆盖材料，以尽快解决我国设施葡萄生产中设施结构存在的问题。

加强研发适合我国国情的设施生产装备，提高机械化水平，减轻劳动强度，提高劳动效率。

加强设施葡萄产期调节技术研究，设施条件下的环境和植株控制研究，大力推广产期调节技术，调整设施葡萄产期，使之逐渐趋于合理。

加强设施葡萄物流与保鲜、加工等重大关键技术研究与开发，实现设施葡萄产中产后全程质量控制，确保丰产丰收。

4. 加强设施葡萄生产信息化技术的研究与应用

研究设施葡萄数字化技术，开展农村果树信息服务网络技术体系与产品开发应用研究，构建面向设施葡萄研究、管理和生产决策的知识平台，为设施葡萄生产的科学管理提供信息化技术。

5. 积极培育龙头企业，建立健全农业合作组织，实施产业化发展战略

积极创造有利环境，培育壮大龙头企业。进一步完善企业与生产者的利益联结机制，鼓励企业与科研单位、生产基地建立长期的合作关系。积极发展经济合作组织和农民协会，不断提高产业素质和果农的组织化程度。

6. 加强设施葡萄产业经济研究，开拓国际市场

加强设施葡萄产业经济研究，建立设施葡萄产业信息系统，研究全球主要主产国的相关信息和政策，长期跟踪全球葡萄市场变化与我国设施产业发展趋势，制定我国外向型设施葡萄产业的政策支持体系，以此大力提高我国设施葡萄的质量和国际竞争力，扩大和巩固国外市场占有份额。通过增加设施葡萄出口，带动整个设施葡萄产业的发展。同时，把开拓国际市场与国内市场结合起来，逐步完

善市场体系，大力搞活流通，扩大产品销量。

7.重视和加强设施葡萄技术推广体系建设

为保证和促进我国设施葡萄的可持续发展，应恢复和完善各级果树科技推广体系，保证设施葡萄新品种、新技术等信息进村入户和推广应用；加强各级技术员培训体系建设，保证各级果树生产技术人员与时俱进，掌握设施葡萄现代化生产技术，为设施葡萄产业的可持续发展提供科技支撑。

第二章
设施葡萄栽培类型

葡萄设施栽培，是20世纪末迅速发展起来的一种增效栽培形式。它改变了传统的露地栽培方法，通过设施人为地创造一种适合葡萄生长的生态环境，在一定程度上按预定的时间促使葡萄提早或延迟成熟上市，进而获得较高的经济效益。同时，设施栽培还具有防止自然灾害及降低不良气候条件的影响、减轻病虫为害、减少农药污染的作用。按照设施葡萄栽培的目的不同，可以分为促成栽培、延迟栽培和避雨栽培等几类。

第一节　促成栽培

促成栽培是指为了使葡萄提早成熟上市，而在不适合葡萄生长发育的寒冷季节，利用特制的防寒保温和增强采光性能的保护设施，通过早期覆盖等措施，人为地创造适合葡萄植株生长发育的小气候条件，使葡萄提早发芽、开花和成熟，最终达到提早上市的目的。促成栽培，是我国设施葡萄栽培最主要的形式。

一、促早栽培

促早栽培是以提早成熟上市为主要目的的设施栽培，也是最为常见的设施栽培。常用于促早栽培的保护设施有四种类型。

1. 塑料大棚栽培

采用单栋或连栋屋脊式塑料大棚栽培，是较早用于葡萄设施栽培的一种方式。塑料大棚主要靠日光加温，棚内面积较大，管理较为方便。但塑料大棚覆盖保温性能较差，加之棚内屋脊移动性遮光较为严重，所以棚内增温和保温效果较差，提早成熟效果不够显著。我国中南部地区应用较多。

2. 玻璃棚面温室栽培

在玻璃温室内进行葡萄栽培。温室根据加热方式又分为日光温室和加热日光温室两种。

（1）日光温室　温室内无加热装置，其升温主要依靠日光照射。

（2）加热日光温室　温室除靠日光加温外，还采用各种附加热源进行加温。

由于玻璃温室造价过高，加之太阳中紫外线通过玻璃后减少较多，因此生产上大面积利用玻璃温室进行葡萄生产的相对较少。此种栽培方式只适用于经济条件较好的科研、教学、示范园区等单位采用。

3. 单面采光塑料温室栽培

这是应用最普遍的一种设施类型，简称塑料日光温室。它以透光性能较好的塑料薄膜覆盖，以单面（南向）受光、三面（东、西、北）保温为基础进行建造，成本低，采光、保温性能好。

4. 塑料覆盖小拱棚栽培

这种促早栽培是在葡萄发芽前，将其枝蔓覆盖在小型竹、木结构的小拱棚内，其上覆盖一层塑料薄膜，促进其早萌动 15～20 天，然后待外界气温稳定在适宜温度时再去除小拱棚，上架绑蔓。这是一种最简单的促早栽培方式，一般可提早上市 10～15 天。

二、促成兼延迟栽培

在促成栽培的基础上，利用葡萄二次结果能力较强的品种，促发二次果，达到一年二熟、增产增收的目的，如二次果生产日期不足可延迟成熟采收上市。

第二节　延迟栽培

延迟栽培是指利用日光温室或塑料大棚进行增温和保温，通过后期覆盖措施延迟葡萄的生育期，使果实延迟到当年 11 月或 12 月采收上市。延迟栽培以延长葡萄浆果成熟期、延迟采收、提高葡萄浆果品质为目的。这种栽培方法可以省去葡萄贮藏费用，实现树上贮藏，一定程度上延长了葡萄的供应时间，而且保证葡萄品质优良。进行葡萄延迟栽培尽量选择晚熟品种为好。

在北方葡萄产区，葡萄晚熟品种成熟期多在 9 月下旬至 10 月上旬，在成熟前采用保护设施覆盖，减少昼夜温差，并防止 10 月中、下旬以后急骤降温的影响，从而使葡萄成熟采收期推迟到 11 月上、中旬以后。这样不但可以延长鲜食葡萄自然上市供应时间，而且可以使一些优质、耐贮的晚熟品种充分成熟，显著提高葡萄的商品品质和栽培效益。例如，河北省怀来县桑园镇暖泉村采用大棚后期覆膜保温延迟栽培的鲜食葡萄品种白牛奶，结合观光、采摘和错季销售，每千克售价由应时销售的 2 元左右提升到 6～7 元，收益增效十分可观。

延迟栽培是我国葡萄设施栽培新的发展方向。尤其在我国东北、华北北部、西北北部地区多数晚熟优质品种由于有效积温不够，露地栽培不能正常成熟，通过利用设施栽培扩大了这些优良品种的栽培区域，丰富了这些地区的葡萄市场。延迟栽培一般多采用塑料大棚为主要保护设施。在 9 月中下旬至 10 月上旬，在成熟前采用塑料膜覆盖，防止低温对葡萄的伤害，从而使葡萄能够正常成熟，并可推迟到 11 月上中旬采收，甚至到 12 月份采收上市，延长鲜果上市供应期。

第三节 避雨栽培

避雨栽培是在葡萄架上架设防雨棚，防止雨水直接落在枝、花、果、叶上，避免雨水对葡萄产生直接影响，保持葡萄架面上叶幕的小气候相对干燥，减轻病虫害的发生，从而利于葡萄的生长，开花和结果。避雨栽培主要用于雨水多的地区。这些地区通过避雨栽培，可大大降低病害威胁，减少了葡萄生产的用药量，相对于露地生产，节约了投资，同时也减轻了因为使用农药而对环境造成的污染；此外避雨栽培还可以避免风雨、雹侵害；可以实现延迟栽培，使葡萄的供应期大大加长。

避雨栽培近几年在华北、华中地区发展很快。避雨栽培以避雨棚及塑料大棚为保护设施，可分为简单避雨栽培和先促成、后避雨两种方式。我国葡萄产区大部分处在东亚季风区内，降水量大并且集中，病虫害严重，果品质量差，严重影响葡萄的生产与发展。利用避雨棚栽培，减少了降水对葡萄生产的影响，提高了葡萄的品质，并且扩大了欧亚品种的栽培区域，使原来不能栽培优良欧亚种的地区也能进行栽培。

第三章
适宜设施栽培的葡萄品种

第一节 设施葡萄品种选择的依据

葡萄设施栽培是在人为控制温度、湿度等条件下进行生产，环境条件与露地栽培有较大的区别，在品种选择上与露地栽培品种有明显的不同，有时在露地栽培表现良好的品种在设施中却不能很好地生长结果，而不适于露地栽培的品种在设施中也有表现良好的。因此，发展设施葡萄栽培，选择正确的品种是其成功的关键。在选择品种上需要注意以下几方面，即设施葡萄品种选择的依据：

1. 在设施条件下能正常生长、结果

在设施栽培中，由于设施骨架的遮阴，塑料膜、玻璃等覆盖物对光的吸收、反射、阻挡，光照强度明显比外界自然环境低，且直射光少，散射光偏多，温度、湿度比露地高。设施内的特殊生态环境要求选择耐弱光的品种，在散射光条件下能够正常生长结果与成熟；生长势中庸，在高温高湿的环境条件下不易徒长，并且在设施中能够正常形成花芽保证翌年的产量。

2. 根据栽培类型选择适宜品种

如果进行促成栽培，要选择果实生育期短的早熟和中熟品种，所选择的品种，休眠期要短，可以早萌芽、早开花、浆果早成熟上市，以抢占初夏淡季果品市场，提高经济收益。同时，对于早熟品种还要注意果实的品质和丰产性，达到成熟早、品质好、产量高的丰产栽培目的。如进行延迟栽培，则注意选择成熟后不易落粒的晚熟或极晚熟品种；尽量延迟、延长葡萄采收时间。同时，对晚熟品种还要重视果实的品质和耐贮运性，这样才能充分体现延迟栽培的特点，增强产品在市场上的商品供应时间和竞争能力。如果想进行一年生产两茬果，则要选择具有多次结果能力的品种。

3.选择易成花、优质、高产品种

设施葡萄生产的浆果，主要是供鲜食需要，其品质的好坏，是决定其在葡萄商品生产中能否保持竞争力的关键；再加上设施栽培投资较大，费用较高，只有栽植优质、高产的品种，才可能获得较好的效益。因此应选择果粒大、果穗紧、色泽艳丽、品质优良、外形美观的品种。另外，所选用的品种，要容易形成花芽，成花节位比较低、坐果率高、产量高，并且能很快进入丰产，如果2~3年仍达不到丰产的目的，则不能选用。

4.选用需冷量少、自然休眠期短的品种

需冷量是指葡萄品种的冬芽在自然条件下通过正常休眠所经历的温度低于7.2℃的时间，一般以小时为单位。不同葡萄品种完成正常休眠所需的需冷量各不相同，其变幅为600~1500小时。需冷量较少的品种，在栽培设施中完成休眠较早，发芽也早，也相对早成熟；而需冷量多的品种，发芽晚，也相对较晚成熟。因此，设施促成栽培要尽量选用需冷量较少的品种。

5.选择抗性强的品种

保护设施内，具有温度高、湿度大、覆盖期间光照不足的特点。因此应选择对土壤、光照、温度、湿度等环境条件适应性强、树势适中、抗病力强的品种。尤其是尽量选择有散射光就能着色的葡萄品种。

6.注意各成熟期品种的合理搭配

目前消费者要求水果能够周年供应，因此要想占领各个水果淡季市场，设施栽培葡萄时就必须考虑早、中、晚熟品种合理搭配栽植，避免单一化，但是每个棚室中最好栽植一个品种或是成熟期基本一致的同一品种群的品种，便于统一管理。

7.据市场需求选择品种

各地区消费习惯不同，应根据当地的消费习惯，选择消费者喜欢的品种。

第二节　设施葡萄栽培的主要品种

【知识链接】

葡萄品种分类

葡萄在植物学分类中属于葡萄科（*Vitaceae*）、葡萄属（*Vitis*）。葡萄属内约有70多个种，但在生产上应用最多的是3个种以及它们的种间杂交种，即欧亚

种葡萄、美洲种葡萄、山葡萄和欧美杂交种及欧山杂交种。

（1）欧亚种葡萄　欧亚种葡萄在世界上栽培最为广泛，世界葡萄优良品种中绝大部分都属于欧亚种葡萄，根据这些品种的起源地，又可分为三个重要的品种群：

① 西欧品种群　起源于西欧地区，主要为酿造品种和鲜食品种，受人工选择和生态条件的影响，这一品种群的葡萄品质优良，抗寒、抗旱性较强，如赤霞珠、霞多丽、玫瑰香、意大利亚。

② 黑海品种群　起源于黑海沿岸，抗寒性稍弱，主要为鲜食品种和酿造品种，如花叶鸡心和晚红蜜等。

③ 东方品种群　主要起源于中亚，几乎全为鲜食品种，其抗旱性、抗寒性及抗土壤盐碱的能力均较强，如牛奶、龙眼、里扎马特等品种。

（2）美洲种葡萄　起源于北美东部地区，有许多种类和品种，现多在美国、加拿大栽培，抗病、抗湿，果实具肉囊，有明显的草莓香味，多为制汁和砧木品种，如康克、玫瑰露、贝达、5BB、S04 等。

（3）山葡萄　原产于东亚和东北亚地区，抗寒性极强，除个别品种外，多为野生类型。陕西地区也有分布，主要用于酿造和作抗寒砧木，如双庆、左山1号等。

（4）欧美杂交种葡萄　由欧亚种葡萄品种和美洲种葡萄品种杂交选育而成，抗寒、抗病，生长旺盛，栽培较为容易。如鲜食品种巨峰、8611、夏黑、黑奥林、信浓乐等。

（5）欧山杂交种葡萄　由欧亚种葡萄和山葡萄杂交而成，抗寒、抗病，主要为酿造品种，也可作抗寒砧木，如北醇、公酿1号、北冰红等。

一、适合促成栽培的优良品种

（1）京秀（图3-1）　早熟品种。欧亚种。果穗圆锥形，有副穗，穗大，平均穗重512.6克，最大穗重1250克。果穗大小整齐，果粒着生紧密或极紧密。果粒椭圆形，玫瑰红或鲜紫红色，粒大，平均粒重6.3克，最大粒重12克。果粉中等厚，果皮中等厚而较脆，无涩味，能食。果肉特脆，果汁中等多，味甜，低酸。每果粒含种子1～4粒，种子与果肉易分离。可溶性固形物含量为14.0%～17.6%，可滴定酸含量为0.39%～0.47%。鲜食品质上等。

植株生长势中等或较强，隐芽和副芽萌芽力均强。芽眼萌发率为63.8%，枝条成熟度好，结果枝占芽眼总数的37.5%。每果枝平均着生果穗数为1.21个，隐芽萌发的新梢结实力强，夏芽副梢结实力弱。早果性好，产量高。在北京地区，4月中旬萌芽，5月下旬开花，7月下旬浆果成熟。从萌芽至浆果成熟需106～112

天，此期间活动积温为2209.7℃。浆果极早熟。抗旱和抗寒力较强。易感染白粉病和炭疽病。适宜篱架栽培，中短梢混合修剪。栽培时注意要及时疏花疏果，合理负载，以防止产量过高而导致着色不良，并要适时套袋，加强对病虫和鸟害的防治。在我国北方和南方干旱、半干旱地区露地栽培和设施栽培均较适宜。

（2）奥古斯特（图3-2）　早熟品种。欧亚种。果穗圆锥形，穗大，平均穗重580克，最大穗重1500克。果粒着生较紧密，短椭圆形，果皮绿黄色，充分成熟后为金黄色，果粒大小均匀一致，平均单粒重8.3克，最大粒重12.5克。果皮中厚，肉硬而脆，味甜，稍有玫瑰香味。果实耐拉力强，不易脱粒，耐运输。

植株生长势强。枝条成熟度好，结实力强，每果枝平均着生果穗数为1.6个，副梢结实力极强。早果性好，定植第二年开始结果，产量高。在河北昌蔡地区4月15日前后萌芽，5月28日前后始花，7月底浆果开始成熟。采用日光温室栽培，6月上旬浆果即可成熟上市。抗旱力中等。抗病力较强。应控制结果量，及时夏剪和注意氮、磷、钾均衡施肥。篱架、棚架或小棚架栽培均可。以中、短梢修剪为主。可用于设施栽培，是一个有发展前途的鲜食葡萄新品种。

（3）无核早红（8611）（图3-3）　在设施栽培中生长势较强，适于小棚架和中长梢修剪，枝条粗壮，容易形成花芽，芽眼萌发率69%，结果枝率62%，结果系数为2.23，副梢结实力强，可用于二次结果。在露地栽培从萌芽到果实成熟需要96～100天，在日光温室栽培果实于5月上旬即可成熟上市。是当前设施栽培中早熟无核、丰产、抗病的优良品种。设施栽培应注意用赤霉素花前及花后处理花序，坐果后注意整穗、疏粒，以提高商品价值。

（4）维多利亚（图3-4）　早熟品种。欧亚种。目前在河北、山东、辽宁等地均有栽培。果穗圆锥形或圆柱形，穗大，平均穗重630克。果粒着生紧密，长椭圆形，果皮绿黄色，粒大，平均单粒重9.5克，果皮中厚，肉硬而脆，味甘甜，品质佳。果粒耐拉力大，较耐运输。

植株生长势中等，每个结果枝平均着生1.5个果穗，副梢结实力较强。丰产，抗灰霉病能力强，抗霜霉病和白腐病能力中等，生长季要加强对霜霉病和白腐病的综合防治。该品种对肥水要求较高，采收后要及时施入腐熟的有机肥。栽培中要严格控制负载量，及时疏穗、疏粒，以促进果粒膨大。该品种适于干旱、半干旱地区和设施栽培。

（5）优无核（图3-5）　中熟品种。欧亚种。原产地美国，在山东、河北、河南有栽培。果穗圆锥形，穗大，平均穗重630克，最大穗重800克以上。果粒着生紧密。果粒近圆形，黄绿色，充分成熟时为金黄色，较大，平均粒重5克，最大粒重7.5克。果粉少，果皮中等厚。果肉硬而脆，味酸甜。无种子。可溶性固形物含量为16.5%，可滴定酸含量为0.78%。品质上等。

植株生长势强。芽眼萌发率为62.3%，结果枝率达60%以上。每果枝平均着生果穗数为1.3个。在山东青岛地区，4月上旬萌芽，5月20～25日开花，8月上旬浆果成熟。从萌芽到浆果成熟需 121～135 天。抗病力较强，不裂果。宜采用棚架栽培，以中、长梢结合修剪为主。

（6）乍娜（图 3-6）　对直射光要求不严格，散射光条件下能够止常生长结果，着色良好，适宜设施高温高湿的生态条件。乍娜萌芽期较晚，当昼夜平均温度达到 12℃时开始发芽，开花时要求温度 28℃左右、湿度 70%～75%。果实生长期要求温度为 26～30℃、相对湿度控制在 60% 左右，经过果实膨大期、着色期直达果实成熟。乍娜在设施中栽培，表现出容易栽培、早期丰产，病虫害和裂果均少于露地栽培。但应注意控制产量，每亩产量不要超过 1500 千克；如结果过多，则果实着色慢，风味变淡，酸味增加，并引起树势早衰；果实生长期注意土壤湿度要保持相对稳定，少施氮肥，多施磷、钾肥，着色后少浇水。乍娜在露地栽培从萌芽到果实成熟需要 100 天左右，日光温室栽培一般比露地提早成熟 50～60 天。另外，乍娜的早熟芽变早乍娜（90-1），其性状基本同乍娜，成熟期比乍娜早 7～10 天，在设施中促成提早栽培表现较好。

（7）夏黑（图 3-7）　早熟鲜食三倍体无核品种。果穗圆锥形，间或有双歧肩，穗大，平均穗重 415 克。果穗大小整齐，果粒着生紧密或极紧密。果粒近圆形，黑紫色或蓝黑色，平均粒重 3.5 克。赤霉素处理后，果粒大，平均粒重 7.5 克。果粉厚，果皮厚而脆，无涩味。果肉硬脆，无肉囊。果汁紫红色。味浓甜，有浓郁草莓香味，无种子。可溶性固形物含量 20%～22%。鲜食品质上等。

植株生长势极强。隐芽萌发力中等。芽眼萌发率 85%～90%，成枝率 95%，枝条成熟度中等。每果枝平均着生果穗 1.45～1.75 个，隐芽萌发的新梢结实力强。浆果早熟。抗病力强，不裂果，不脱粒。适合全国各葡萄产区种植。

（8）京亚（图 3-8）　早熟品种。欧美杂交种。果穗圆锥形或圆柱形，有副穗，穗较大，平均穗重 478 克，最大穗重 1070 克。果穗大小较整齐，果粒着生紧密或中等紧密。果粒椭圆形，紫黑色或蓝黑色，粒大，平均粒重 10.6 克。最大粒重 20 克。果粉厚，果皮中等厚而较韧。果肉硬度中等或较软，汁多，味酸甜，有草莓香味。每果粒含种子 1～3 粒，多为 2 粒，种子中等大，椭圆形，黄褐色，外表有沟痕，种脐不突出，喙较短，种子与果肉易分离。可溶性固形物含量为 13.5～18.0%，可滴定酸含量为 0.65%～0.9%。鲜食品质中上等。

植株生长势中等，隐芽和副芽萌芽力均中等。芽眼萌发率为 79.85%，结果枝占芽眼总数的 55.17%。每果枝平均着生果穗数为 1.55 个，隐芽萌发的新梢结实力强，夏芽副梢结实力弱。早果性好。在北京地区，4 月上旬萌芽，5 月中、下旬开花，8 月上旬浆果成熟。从萌芽至浆果成熟需 114～128 天，此期间活动积温为 2412.2℃。浆果比巨峰早熟 20 天左右。抗寒性、抗旱性强。管理省工。用赤霉素处理易得无核果。因成熟早，经济效益高。全国各地均可种植。篱架、棚架均可，宜中、短梢结合修剪。

（9）无核白鸡心（图 3-9）　此品种为早中熟鲜食无核品种。果穗长圆锥形，穗大，平均穗重 620 克，最大穗重 1700 克。果穗大小较整齐，果粒着生中等紧密。果粒略呈鸡心形，黄绿色或金黄色，中等大，平均粒重 5.0 克，果粉薄，果皮薄而韧，与果肉较难分离。果肉硬脆，汁较多，味甜，略有玫瑰香味。无种子。含糖总量 15%～16%，可滴定酸含量 0.55%～0.65%，鲜食品质极上。

植株生长势强。芽眼萌发率 42%～46%，结果枝率 74.4%。每果枝平均着生果穗 1.3 个。产量较高。在辽宁沈阳地区，5 月初萌芽，6 月上旬开花，8 月中、下旬浆果成熟，从萌芽到浆果成熟需 110～115 天。此期间活动积温为 2500～2600℃。抗逆性中等，抗霜霉病的能力与巨峰品种相似，抗黑痘病和白腐病的能力较弱。可用于制罐和制干，栽培上用赤霉素处理后果粒可增大 1 倍左右，生长势强，应注意保持树势中庸以保证花芽的数量、质量和稳产性。适合全国大多数地区种植。宜小棚架或篱架栽培。以短梢修剪为主。

(10) 里扎马特（图 3-10）　又名玫瑰牛奶。中熟品种。欧亚种。目前我国各地均有栽培。果穗圆锥形，穗大，平均穗重 800 克。果粒着生稍松散，果粒为长椭圆形，果皮底色黄绿，半面紫红色，美观，平均单粒重 10～11 克，最大粒重 20 克左右，但有时果粒大小不整齐。皮薄肉脆，多汁，果皮与果肉难分离，味酸甜爽口，品质上等。果实不耐贮藏和运输。

植株生长势强，每个结果枝平均着生 1.13 个果穗，丰产性中等。该品种对水肥和土壤条件易求较严格、管理不善易造成大小年和果实着色不良现象，应及时进行果穗整形和疏果。抗病力中等，易感染黑痘病、霜霉病和白腐病，果实成熟期遇雨易裂果，适于在降水较少而有灌溉条件的干旱和半干旱地区栽培。宜棚架栽培，中长梢修剪。夏季修剪时适当多保留叶片，防止果实发生日灼。

(11) 玫瑰香（图 3-11）　中熟品种。欧亚种。是我国北方主栽品种，目前在山东、河北、天津等地均有较大面积的栽培。果穗圆锥形，中等大，平均穗重 350 克。果粒着生疏散或中等紧密，椭圆形或卵圆形，果皮黑紫色或紫红色，果粒中小，平均粒重 4.5 克。果粉较厚，果皮中等厚，易与果肉分离，果肉稍软，多汁，果味香甜，有浓郁的玫瑰香味。

植株生长势中等，成花力极强，每个结果枝平均着生 1.5 个果穗。适应性强，抗寒性强，根系较抗盐碱，但抗病性稍弱，尤其易感染霜霉病、黑痘病和生理性病害水罐子病，因此生产中应加以注意。栽培中注意加强肥水管理，确定合理负载量，开花前要及时摘心、掐穗尖，以促进果穗整形、果粒大小一致。

(12) 醉金香（图 3-12）　中熟品种。四倍体品种，欧美杂交种。果穗圆锥形，穗特大，平均穗重 800 克。果穗紧凑。果粒倒卵圆形，充分成熟时果皮呈金黄色，果粒大，平均粒重 13 克，成熟一致，大小整齐。果皮中厚，与果肉易分离，汁多，香味浓，无肉囊，品质上等。

植株生长旺盛，每个结果枝平均着生 1.32 个果穗。丰产，抗病性较强。果实成熟后有落粒现象，生产中注意要及时采收。该品种不适宜长途运输，宜在城郊及交通便利的地区栽植。

(13) 藤稔（图 3-13） 中熟品种。果穗圆柱形或圆锥形带副穗，中等大，平均穗重 400 克，最大穗重 892 克，果粒着生中等紧密。果粒为短椭圆形或圆形，紫红或黑紫色，粒大，平均粒重 12 克以上。果皮中等厚，有涩味，果肉中等脆，有肉囊，汁中等多，味酸甜。鲜食品质中上等。

植株生长势中等。芽眼萌发率为 80%，结果枝占新梢总数的 70%。每果枝平均着生果穗 1.8 个。早果性强。在郑州地区，4 月初萌芽，5 月下旬开花，8 月上、中旬浆果完全成熟。浆果早中熟。适应性强，耐湿，较耐寒。抗霜霉病、白粉病的能力较强，抗灰霉病的能力较巨峰弱。花期耐低温和闭花受精能力强，结果早，连续结果能力强，丰产稳产。需严格疏穗、疏粒，以提高商品性。在我国南北各地均可种植。棚、篱架栽培均可，以中、短梢修剪为主。

(14) 巨峰（图 3-14） 中熟品种。欧亚种。为我国葡萄的主栽品种。果穗圆锥形带副穗，中等大或大，平均穗重 400 克，最大穗重 1500 克。果穗大小整齐，果粒着生中等紧密。果粒椭圆形，紫黑色，粒大，平均粒重 8.3 克，最大粒重 20 克。果粉厚，果皮较厚而韧，有涩味。鲜食品质中上等。

植株生长势强。芽眼萌发率为 70.6%，结果枝占芽眼总数的 44.5%。每果枝平均着生果穗 1.37 个。早果性强。正常结果树一般产量为 22500 千克/公顷。在郑州地区，4 月下旬萌芽，5 月中、下旬开花，8 月中、下旬浆果成熟。从萌芽至浆果成熟需 137 天。此期间活动积温为 3289℃。浆果中熟。抗逆性较强，抗病性较强。栽培上应注意控制花前肥水，并及时摘心，花穗整形，均衡树势，控制产量。棚、篱架栽培均可。

二、适合延迟栽培的优良品种

(1) 美人指（图 3-15） 晚熟品种。果穗圆锥形，穗大，平均穗重 600 克，最大穗重 1750 克。果穗大小整齐，果粒着生疏松。果粒尖圆形，鲜红色或紫红色，粒大，平均粒重 12 克，最大粒重 20 克。果粉中等厚，果皮薄而韧，无涩味。果肉硬脆，汁多，味甜，有浓郁玫瑰香味。

植株生长势极强。结果枝占芽眼总数的 85%。每果枝平均着生果穗 1.1～1.2 个，隐芽萌发的新梢结实力强。抗病力弱，易感白腐病和炭疽病。稍有裂果。对气候及栽培条件要求严格。严格控制氮肥施用量。生长期宜多次摘心，抑制营养生长。注意幼果期水分供应，防止日灼病。适合干旱、半干旱地区种植。棚架或高、宽、垂架式栽培均可，宜中、长梢结合修剪。

(2) 红地球（图 3-16） 晚熟品种。欧美杂交种。果穗短圆锥形，极大，平均穗重 880 克，最大穗重可达 2035 克。果穗大小较整齐，果粒着生较紧密。果粒近圆形或卵圆形，红色或紫红色，特大，平均粒重 12 克，最大粒重 16.7 克以上。

果粉中等厚，果皮薄而韧，与果肉较易分离。果肉硬脆，可切片，汁多，味甜，爽口，无香味。果刷粗长。

植株生长势较强，隐芽萌芽力较强，副芽萌芽力中等，芽眼萌发率60%～70%，结果枝率68.3%。每果枝平均着生果穗1.32个。夏芽副梢结实力较强。进入结果期较早，极丰产。在河北昌黎地区，4月中旬萌芽，5月下旬开花，10月初浆果成熟。从萌芽至浆果成熟需150～160天。浆果晚熟。抗黑痘病和霜霉病的能力弱。宜小棚架或高宽垂架栽培。采用以中、短梢修剪为主的长、中、短梢修剪。

(3) 克瑞森无核（图 3-17）　别名：克伦生无核、绯红无核、淑女红，欧亚种。美国杂交培育的晚熟无核品种；1988年通过品种登记，1988年引入我国。果粒亮红色、椭圆形，平均粒重4克，果肉黄绿色、细脆，果味甜，可溶性固形物含量19%，品质上等。品种抗病性稍强。

(4) 红宝石无核（图 3-18）　又名大粒红无核、鲁比无核、鲁贝无核等，欧亚种，美国品种，1987年引入我国。目前在山东、河北等地栽培面积较大。晚熟品种，果穗大，一般单穗重850克，最大可达1500克以上，果穗圆锥形，有歧肩，穗形紧凑。果粒较大，卵圆形，自然态下平均单粒重4.2克，果粒大小整齐一致。对植物生长调节剂处理不太敏感，经处理后果粒达5克左右。果皮红紫色，果皮薄，风味佳。

生长势较强，每结果枝平均着生花序1.5个，丰产性好，定植后第二年即可获得较高产量。较耐贮运。成熟期水分供应大时，裂果重，大果穗的中部容易产生烂果。是优良的晚熟无核品种，适宜一定面积发展。栽培时把增大果粒作为重要工作。因其对植物生长调节剂不敏感、丰产性好、果穗较大等优良特性，应通过增施有机肥料、适当限制产量等方式增大果粒。生产上可采取适当疏除花序、花序整形、疏除果粒等方法。

(5) 秋黑（图 3-19）　别名美国黑提，原产于美国，1988年引入我国，目前在多处地区均有栽培。晚熟品种。果穗较大，长椭圆形，平均单穗重700克，果实着生紧密。果粒大，长椭圆形或鸡心形，果皮蓝黑色，平均单粒重9克，果皮厚，果粉较多，果肉脆而硬，每果粒含种子2～3粒。

植株生长势较强，每结果枝有花序1.5个，产量高。幼叶对石灰较为敏感，喷波尔多液时应当降低石灰的比例。在华北及西北地区可以适当发展。

(6) 魏可（图 3-20）　别名温克，日本山梨县用 Kubel Muscat 与甲斐露杂交而成，1999年引入我国。果穗圆锥形，较大，平均单穗重450克，果穗大小整齐，果粒着生较松。果粒卵圆形，果皮紫红色至紫黑色，果粒较大，单粒重8～10克，有小青粒现象，品质优良，风味好。目前在我国南方种植面积较大。

植株生长势较强，结果枝率85%左右，每果枝平均1.5个果穗。花芽分化好，丰产性好，抗病性强。果实成熟后可挂在树上延迟采收，极晚熟。耐贮运。但有时果实着生较差，果实易患日灼病，易感染白腐病。可作为晚熟主栽品种的搭配品种，也可以作为晚熟主栽品种。花芽形成较为容易，生产上要注意合理负载，及时去除小青粒。果实在成熟期水分供应不均匀时，容易形成裂果，应加以注意。栽培上要注意采取措施促进着生。

(7) 红高 （图 3-21） 意大利红色芽变。嫩梢黄绿色，梢尖半开张，乳黄色，有绒毛，无光泽。幼叶黄绿色，表面有光泽，背面有毡毛。新梢生长直立，节间背侧黄绿色，腹侧青紫色。枝条红褐色。成叶中等大，呈勺状挺立，肾形，背面有较稀茸毛。叶片 5 裂，裂刻深，叶柄洼宽拱形，基部三角形。叶缘锯齿圆顶形。两性花。果穗大多圆锥形，有副穗。平均穗重 625 克，最大 1030 克。果穗大小整齐，果粒着生紧密。果粒短椭圆形，浓紫红色，着色一致，成熟一致。平均粒重 9 克，最大 15 克。果皮厚，无涩味。果粉中等。果肉细脆，有较强玫瑰香味。含可溶性固形物 18%～19%，品质上等。果粒牢固，不脱粒，不裂果，耐运输，抗病力强。成熟期与红意大利相似，属晚熟品种。

第四章

设施葡萄生产常用的
设施类型及建造

　　我国地域辽阔，各个地区因所处地理位置不同，栽培目的不一，所采用的设施也不同。目前葡萄设施生产北方最常用的设施类型有两类：日光温室和塑料大棚，为防雹灾，可以架设防雹网等设施；南方以提高果实品质为目的，可进行避雨栽培。

第一节　设施葡萄生产常用的设施类型

一、温室

　　温室根据使用材料不同可以分为竹木温室、钢架温室；以覆盖材料不同分为塑料温室、玻璃温室；以加温或不加温为条件分为日光温室、加温温室；还可以根据栋数分为单栋温室、连栋温室等。竹木骨架温室，具有造价低、一次性投资少、保温效果较好等特点（见图4-1）。钢骨架温室的墙体为砖石结构，前屋面骨架为镀锌管和圆钢焊接成的拱架，具有温室内无立柱、空间大、光照好、作业方便等特点。但一次性投资较大，适宜有经济实力的地区发展（见图4-2）。半拱式高效节能日光温室光照充足，节能性好（见图4-3）。玻璃温室采光和保温性能均较好，但造价高，不适合在农村大面积推广。日光温室是最大限度利用太阳能的设施，相对于加温温室投资小，是我国当前采用最为普遍的设施之一，南、北方均可采用。

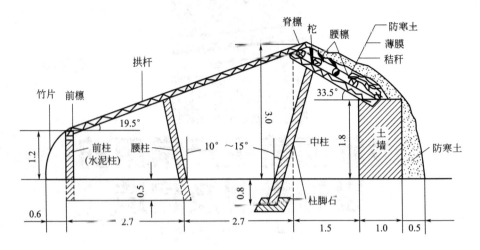

图 4-1　竹木骨架温室示意图（单位：米）

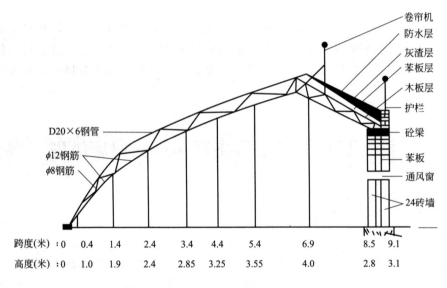

图 4-2　钢骨架温室示意图（单位：米）

二、塑料大棚

塑料大棚是利用钢管或竹木等材料制作成拱形的骨架，其上覆盖塑料薄膜的一种栽培设施。塑料大棚是我国南北方都大量采用的葡萄设施栽培方式。

塑料大棚造价低，不影响墙壁，棚面呈圆拱形，全棚各部分都能接受光照，内部光照比较均匀，增温较迅速。因为塑料大棚光能利用率高，在生产上运用时

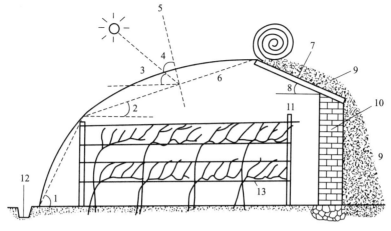

图 4-3　半拱式日光温室示意图

1—地角；2—棚面角；3—太阳高度角；4—入射角；5—法线（棚面垂直线）；6—前棚面；
7—后棚面；8—后坡仰角；9—土堆；10—后墙；11—立架；12—防寒沟；13—葡萄架

基本不需要加温，从而节约了能源，具有较高的经济效益。由于可以较充分地应用光照条件，塑料大棚为葡萄的早春萌芽创造了良好的条件，可以使葡萄提早萌芽、开花和结果，并延长秋季的生长。

在结构上塑料大棚的保温性能低于日光温室，冬天温度低，春秋两季日温变化大。白天增温快的同时，夜间降温也快。不加温的条件下塑料大棚葡萄可以提早 25～30 天成熟，人工加温的可以提早 35 天左右成熟。

塑料大棚：常用竹木、钢材等材料支成拱形骨架，覆盖塑料薄膜而成，一般占地 340 平方米以上，棚高 2.4～3 米，宽 12 米左右，长 40～80 米。根据建棚所用材料可分为以下几种结构类型。

提示板

塑料大棚是我国黄河以南葡萄设施栽培的主要推广类型。南方地区采用塑料大棚葡萄栽培可以较好地解决花期低温多雨造成的葡萄坐果不良、病害严重等问题。不仅能够使浆果提早成熟，而且可提高浆果品质。

（1）竹木拱架结构　主要以竹木为建筑骨架，是大棚建造初期的一种类型（见图 4-4）。优点是取材方便，建造容易，造价低廉；缺点是棚内立柱多，操作不便，不便于机械作业，竹木容易腐烂，使用年限较短。拱架，是支撑棚膜的骨架，横向固定在立柱上，使其呈自然拱形，两端插入地下脚石眼中。一般多用竹片做拱架，间距 1 米左右。立柱，是塑料大棚的主要支柱，支撑拱架，承受棚架、棚膜以及雨雪的重量，直立或倾斜向受力方向。立柱基部用砖石等做拉脚石，防被风刮起或下沉。拉杆，纵向连接立柱，固定骨架。多采用竹竿或木杆等材料，在距立柱顶端30～40厘米处，固定在立柱上，使各排立柱连接成整体，使其牢固而稳定。

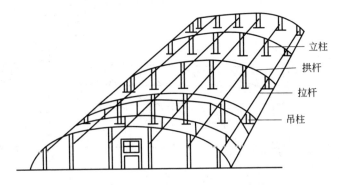

图4-4　竹木结构悬梁吊柱大棚示意图

（2）钢材拱架结构　骨架采用镀锌钢管和钢筋或全部用钢筋焊接而成（见图4-5）。优点是骨架强度大，棚内无立柱，抗风雪能力强，坚固耐用，骨架遮阴少，室内光照好，便于机械作业；缺点是一次性投资较大。

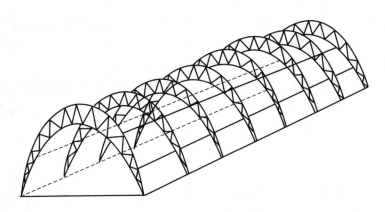

图4-5　钢架无柱大棚示意图

（3）钢管装配式大棚　是由厂家用薄壁镀锌钢管按规格生产的配套产品。优点是结构合理，耐腐蚀，坚固耐用，可拆卸、重新组装，便于倒茬。

适宜葡萄生产的大棚主要有悬梁吊柱竹木大棚和钢架无柱大棚（见图4-4、图4-5）。近年来，为了提高大棚的保温性能，出现了改良式大棚或春暖棚（桥棚），即在塑料大棚上加盖保温覆盖材料（见图4-6）。由于这种大棚保温效果明显增强，栽培葡萄的果实成熟期较冷棚提前，建造成本比日光温室低，因而得到较为广泛的应用。特别适用于在冬季不很寒冷的地区进行葡萄促成栽培。

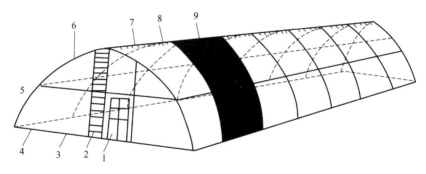

图 4-6 拱式钢管塑料大棚

1—棚门；2—梯子；3—水泥挡杆；4—培土；5—横拉杆；

6—拱棚立架；7—拱棚梁；8—两排草苫钩；9—草苫

三、避雨设施

避雨棚是葡萄设施栽培的新形式，是葡萄避雨栽培的主要设施类型。即在葡萄枝蔓的上部增设薄膜小棚，防止雨水直接落在枝、叶、花、果实上，减少或避免雨水对葡萄生产的影响，减轻病害的发生与发展，减少裂果，扩大葡萄的栽植区域。

避雨栽培可以明显地降低树冠及周围空气的湿度和土壤的含水量，使一些在华东、华中、华南不能栽培的品种得以正常地栽培，并获得较好的品质。具体的覆盖方法是（以篱架栽培为例）：在每个架杆顶部设立一个高约50～70厘米的T形架。在T形架上部用钢材或竹竿弯成类似伞的拱形支架，每个架杆上的拱形支架，用5～6道铁线顺植株横向连起来，这样每一行树就形成一个整体拱形支架，在其上面覆盖塑料膜，将膜固定在拱架上，每行就形成一个长形的防雨设施（见图4-7）。生产中为了使葡萄枝梢能正常伸展，避雨覆盖的薄膜与枝条叶片之间应保持有20～30厘米的空间距离。

四、防雹设施

葡萄栽培中，夏季经常受到冰雹的袭击，不仅叶片、果穗被打落，甚至主蔓也会伤痕累累，严重时导致颗粒无收，给生产者带来巨大损失。因而在葡萄产区设置防雹网是非常必要的。

防雹网是在葡萄架杆上搭建高出架杆75厘米的柱（杆），杆间纵横用8号铁线相连，上面铺设直径0.75厘米网眼的塑料或尼龙的防雹网，防雹效果很好，同时还可以防止鸟害、风害，而且可防治葡萄日灼病（见图4-8）。

第二节 设施建造

一、日光温室的建造

【知识链接】

日光温室结构

（1）温室脊高 脊高又称矢高，一般高为 2.7～3 米。温室的保温性能由温室的保温比决定，保温比就是温室面积与覆盖物的表面积的比值，所以说温室高度越低，覆盖物的表面积越小，其保温性能越好。温室高度低，室内容积较小，热容量较小，室内的温度变化快，且采光不好，室内作业不方便，这也就决定了温室高度不能太低；温室高，采光性能好，但保温性能差、造价高，温室又不能太高。因葡萄架高为 2 米左右，上部还要留出 50 多厘米的空间，有利于空气流通并防止叶片的灼伤，故温室高度在 2.7～3 米较好。

（2）温室的长度及跨度 温室的长度一般以 60 米左右为宜。长度小，由于两边山墙遮阴，室内可利用空间较小，且单位面积造价高，使用不经济；长度大，管理不方便，且通风不良、保温性能不好。温室跨度的确定应根据温室的高度和当地的地理纬度。一般高纬度地区温室的跨度以 6～7 米为宜，低纬度地区跨度以 7～8 米为宜。其跨度不宜过大，如加宽 1 米，相应的脊高要增加 0.2 米，后坡的宽度要相应增宽，也增加了建筑成本；并且跨度、高度增加，温室的采光虽好，但保温性能将减弱。

（3）温室的屋面角 屋面角又称棚面角。是指温室的主要棚面与水平面之间的夹角。温室的棚面是温室接受阳光的主要部位，现多采用拱圆式。理想的温室屋面角角度主要根据当地的地理纬度和冬至时的赤纬度确定，其计算公式为：理想温室屋面角＝当地纬度－冬至赤纬度。用此公式计算出来的温室屋面角，温室受光最好，但建造起来很不实际。如鞍山、锦州地区地理纬度约为 42°，冬至时赤纬度为 －23.5°，理想温室屋面角＝42°－（－23.5°）＝65.5°，这样的温室屋面角是很难建造的。而根据实际测定，当入射角在 0°～40° 范围时，设施内进光量差异不显著，40° 以上透光率显著下降，60° 以上急剧下降。这样温室屋面角就可以用下面的公式来计算：温室屋面角＝当地纬度－冬至赤纬度－40°。这样鞍山、锦州地区温室屋面角＝42°－（－23.5°）－40°＝25.5°。用此公式计算出来的屋面角既保证了温室透光率良好，又符合生产实际的建筑要求。

（4）温室的仰角 是温室后坡与水平面之间的夹角。温室仰角的大小决定后坡的长度与陡度。仰角大，后坡相应较短，光照较好，但温室保温性较差，陡度较大，上面放置草帘等人员作业不便；相反仰角小，后坡变长，保温性能好，但温室北部的光照较差。所以设计温室仰角时应大于当地冬至正午时的太阳高度角。生产中温室的仰角以 $40°\sim45°$ 为佳，在冬、春季节白天阳光能直接照射到北墙，使墙体蓄存大量的热量，晚间释放到室内，保证室内夜间的温度，并且阳光直射到北墙，经北墙反射，还能改善温室北部的光照条件。

（5）温室的地角　是指温室前棚面与水平面之间的夹角。一般生产中多为 $60°\sim70°$，不但采光效果好，且温室内可利用的空间大，室内作业方便。

（6）温室墙体规格　首先确定北墙高度和厚度，一般北墙高度为 $1.8\sim2.5$ 米，厚度为 $0.8\sim1.2$ 米。生产中北墙的厚度应略大于当地冻土层的厚度，并且还要在后墙外培土保温，如鞍山、锦州地区冻土厚度为 1 米左右，其温室北墙厚度要比 1 米略厚一些。如果采用空心墙，填充珍珠岩或稻壳等保温材料，因其保温效果较好，其墙体厚度可略小于当地冻土层厚度。东西山墙的厚度与北墙厚度相同，高度根据棚架结构确定。墙体可用砖石或土坯砌成，亦可用土干打垒筑成或用草泥垛成。

（7）通风窗设置　在建造北墙时，每 $5\sim7$ 米距离，在地面上 $1\sim1.5$ 米高处留高、宽各 24 厘米左右的小窗；亦可在棚面上每隔一段距离设置通风口，用于调节温度、湿度及空气流通。通风换气时通风窗开启多少及大小根据温室内的温、湿度确定。

（8）防寒沟设置　温室前角由于径流散热，地温较低。为了减少径流散热，保证温室前角的地温，需在温室前檐下挖深、宽各 0.5 米的防寒沟，内填充麦秸、稻草等保温材料，再盖上 10 厘米左右厚的土。

（9）塑料薄膜的选择　塑料薄膜是温室棚面主要透明覆盖材料，是阳光进入温室的必经之路。薄膜的性能及质量直接决定温室内的光照条件及温度，影响设施葡萄的生长、开花及结果。因此，设施栽培葡萄，塑料薄膜的选择是非常关键的。选择薄膜要求透光性好、耐老化，具有较好的保温性、无滴、牢固等优点。

塑料薄膜种类较多，如聚乙烯薄膜、聚乙烯长寿无滴膜、聚氯乙烯长寿无滴膜、聚乙烯多功能复合膜、乙烯-醋酸乙烯多功能复合膜（EVA 膜）等。现在设施上应用较多的是聚氯乙烯长寿无滴膜，其综合效果较好；另外，乙烯-醋酸多功能复合膜是综合性状更为良好的新型薄膜，具有高透明、高效能等优点，目前已在我国北方重点推广。

（10）不透明覆盖材料的选择　不透明覆盖材料是温室夜间保温的主要材料，主要有草苫、草帘、纸被、棉被、无纺布等。草苫是传统使用的覆盖材料，主要由稻草或蒲草编织而成，一般厚 $3\sim5$ 厘米，宽 $1.2\sim2$ 米，长度根据棚面的长度确定。草苫保温性能较好，覆盖一层，可将温室内温度提高 $3\sim6℃$。草帘也是由稻草或蒲草编织而成，较草苫致密，保温性也比草苫好些。纸被是由4～7层牛皮纸或水泥袋包装纸缝制而成，长度根据棚面的长度确定。一般纸被常和草苫等覆盖材料配合使用，可将室内温度提高4～6℃。无纺布是用聚酯热压加工成的布状物，其强度较大，可用缝纫机或手工缝合，使用寿命长，耐水、吸湿；覆盖一层无纺布可将室内温度提高1～3℃。

日光温室一般坐北朝南，在东、西、北三面建墙，南面是倾斜的塑料薄膜棚面，主要依靠日光和夜间的保温设备来维持温室内的温度，是一种高效节能的栽培设施。日光温室白天利用太阳热能，增加室内温度，晚上加覆盖物保温，进出口封闭，在南边挖设防寒沟，这些措施使日光温室在比较寒冷的季节仍然能够为葡萄的生长提供合适的温度，从而对葡萄进行促成或延迟栽培。

生产葡萄所用温室的基本要求有：温室跨度6～8米，距前底脚1米处的前屋面高度在1.5米以上，温室脊高（矢高）3.3～4.0米，后屋面的水平投影相当于温室跨度的1/5，温室长度80～100米，每栋温室占地1亩左右。具体应用时面积可根据生产的实际需要调整。

二、大棚的建造

【知识链接】

大棚结构

（1）场地选择　应选避风向阳、地势平坦、地下水位低、排灌方便的地方架立大棚。同时应避免大棚附近有高大的建筑物或有空气（烟尘）污染源，以避免影响大棚的通风和光照。大棚的方位选择以南北延长为宜，南北延长的塑料大棚可以保证大棚内不同位置的光照比较均匀，通风条件也比较好。东西走向的大棚一般温度高、受光不均匀、各部位的温差大，常引起葡萄生长不整齐。

（2）大棚的大小　棚过长时管理不便，通风不畅，湿热空气不容易排出。塑料大棚的长度以30～50米为宜，如超过100米管理起来不方便；宽度的规格有4米、5米、6米、8米、10米、12米等。另外，大棚的宽长比越大，抗风雪能力也越强。因为宽长比大，周边长度大，固定作用强。

（3）大棚的高度　塑料大棚不宜过高，大棚较高时采光较好，操作方便，但棚内温度上升缓慢，加之散热面积大，不宜保持棚内温度，而且易遭受风害，投资也加大。棚较矮时虽然节省投资，保温效果较好，但棚内光照条件相应变劣，获得的总热量减少。棚过矮时还导致通风不良，棚内容易形成高温、高湿的环境条件，管理操作不方便，土地利用率低，单面积成本高。大棚的高度，在不影响生产和便于管理的前提下，一般以2.0～2.5米为宜。棚面坡度过大，宜受风害，但利于排水和除雪；过小则棚内的空气流通差。因此，应根据地区和使用目的的不同而定。

（4）大棚群的设置　当大棚数量较多时，应以对称排列集中管理，大棚与大棚之间要有一定间距，以防互相遮阴。两棚相距1~2米，棚头与棚头间宜留3~4米，作为操作道。棚群外围应设置风障，对多风和有大风的地方，大棚的立架应交错排列，以免造成风的通道，加大风的流速。总的来说，连栋大棚的保温效果比单栋效果好，但采光和通风较差。

（5）其他设置　由于一般塑料大棚为南北走向，棚内南端的温度高于北端，所以最好把门设在南端。如果南北两侧都设门，北端的门可稍小一些。门的宽度一般为1.5米，高度为1.8米左右。为了保温，在大棚内另外再加一层薄膜，实行二层薄膜，保温性能会更为良好。为减少夜间的热量流失，塑料薄膜外一般通过覆盖草毡、苇帘、纸被以及棉被来增加大棚的保温效果。白天揭开覆盖物，低温、夜晚盖上。为了进一步提高棚内的气温和地温，还可在塑料大棚内再加扣小拱棚，棚宽1.5米，棚高1.2米。建小拱棚时每距1.5米插一根竹竿，使其成拱形，然后再用三根竹竿，分别于棚顶与两侧各绑缚一根竹竿，其上盖上薄膜垂于两侧地面，用土封死压实即可。这样，易于提高棚温、保湿，使葡萄能够更早提前萌发。一般待芽眼萌发后再拆去小拱棚。

塑料大棚的优点是造价低，通风降温也比较方便，揭开两边的棚膜就能办到，夏季遮阴和防雨效果良好。此外，塑料大棚还可拆除迁移他处，可避免土壤连作障碍。但这种大棚在我国北方地区应用，因保温困难而效果较差。

1. 竹木结构大棚

是由立柱、拱杆、拉杆、吊柱（悬柱）、棚膜、压杆（或压膜线）及地锚等构成。

立柱是起支撑拱杆的作用，纵横构成直线排列。粗5~8厘米，中间最高，向两侧逐渐变矮，形成自然拱形。拱杆是支撑大棚膜的骨架，可用粗3~4厘米的竹木或相应强度的竹片按照大棚跨度与弧度连接而成，将拱杆的两端插入地中，其余部分横向固定在立柱顶端，成为拱形，为了确保强度通常每0.8~1.0米设置一道拱杆。拉杆起连接拱杆和立柱、使大棚骨架成为一个整体的作用，可以用粗3~4厘米的竹、木杆作为拉杆，拉杆的长度与棚体的长度一致，一般是多少行立柱配置多少行拉杆。压杆在棚膜的外侧通过铁钉或铁丝固定在膜内拱杆上，起压平、压实和固定棚膜的作用，每隔2~3根拱杆设置一个压杆。压膜线安装于棚膜之外，每两根拱杆之间，也起压平、压实和绷紧棚膜的作用，两端与地锚相连，起固定作用。

2. 钢架结构大棚

钢架结构大棚的主体为钢管及钢筋焊接或组装而成，该大棚是我国大棚葡萄生产的新设施类型，具体由桁架、棚膜、压膜线、卡槽、地锚和门等构成。

钢架结构大棚的桁架一般有单梁骨架和双梁平面骨架两种。单梁骨架的主体是厚壁6分镀锌钢管，直接弯制成型，用时随时安装。双梁平面骨架由钢管和钢筋焊接而成，根据生产要求和尺寸大小，可以根据需要自行焊接制作。除了竹木结构与钢架结构大棚外，近年来，根据生产需要，一些有识之士经多年试验研制出了相对成本较低，又坚固耐用，还可工厂化生产的苦土结构大棚架，苦土结构大棚目前已在我国得到了广泛应用。

三、避雨棚的建造

由于葡萄是藤本植物，茎蔓柔软，一般不能挺立生长。在栽培上必须设立支架，才能使葡萄树保持一定的树形，使之通风透光，果实、枝叶才能合理而均匀地分布，生产出的果实才能色泽鲜艳，品质好。架式关系到光能和土地的利用、通风透光程度、人工操作便利与否、规范化栽培程度、葡萄产量与品质等诸方面内容。避雨栽培中避雨期光照减弱，架式的选择更为重要。避雨棚结构根据葡萄架式确定。采用何种架式和避雨棚结构应根据品种生长势强弱等特性，以及当地栽培习惯选定。避雨棚结构有两种：一种是小避雨棚，一行葡萄一个避雨棚，棚宽1.8～2.5米；另一种是大避雨棚，两行葡萄一个避雨棚，棚宽5～6米。

1. 单臂篱架及避雨棚结构

单臂篱架是我国葡萄栽培常用的架式。南方的广东、广西、江西等地以单臂篱架为主，浙江、上海、江苏、湖北、安徽、云南、四川、重庆、贵州等地单臂篱架占有较大的面积，北方的山东、河南等地单臂篱架也有较大的面积。

（1）单臂篱架　一般行距1.5～2.2米。一行葡萄立一行水泥柱，架柱高1.8～2.2米（埋入地下的0.5米未包括在内），架头立柱埋时向外与地面成45°角倾斜，并用8号铁丝加锚石拉紧，埋入地下0.5米深，夯实。沿行向柱间距离为4米，每行立柱上拉12号铁丝3～4道，第一道铁丝距离地面50～60厘米，往上每隔50厘米左右拉一道铁丝，沿行向组成篱架面。枝蔓分布在篱架面上，果穗挂在篱架面上、中、下各部位。

该架式适于长势中庸或偏弱的品种和自由扇形或单、双臂水平型树形。

这种架式栽植密度较高，早期丰产。存在的问题：顶端优势明显，上部枝蔓生长旺，下部枝蔓弱，如果冬季修剪不当，结果部位上移；枝蔓集中在篱面上，光能利用较差；通风透光性较差，易发生各种病害；果实裸露比例较高，西边果实容易日灼；先密后稀，措施不到位，一密到底，若干年后单株的树体生长发育受到影响，管理难度较大等。

（2）避雨棚结构

① 避雨棚的宽度　行距 2 米左右可采用一行一个小避雨棚，利用原有的架柱。行距 1.5 米左右可采用一行一个小避雨棚或三行一个中避雨棚，利用原有的架柱。

② 一行葡萄一个避雨棚结构

a.棚柱　利用单臂篱架的架柱，用竹、木等加高到离地面 2.3 米，柱顶高度必须一致。

b.避雨横梁　柱顶下 35 厘米处架一根横梁，横梁长度视行距大小，应小于行距 30～50 厘米，即行距 2.2 米，横梁长 1.7 米；行距 2 米，横梁长 1.6 米；行距 1.8 米，横梁长 1.5 米。棚膜中间必须留有一定的空间，利于高温期散热通风，覆膜期能增加一些光照。

c.避雨棚横梁架材　一是用毛竹、角铁、钢管等材料，横梁长度按上述长度决定。不宜用木料，因木料易腐烂，寿命不长。柱两边等距离，横梁边要对齐，使避雨棚整齐。每隔两根柱用长毛竹横向固定全园的架柱（不必再架横梁），能有效地提高抗风力。

二是用粗的钢绞丝全园拉横丝。采用这种办法架柱横向必须对齐（如立柱横向不对齐的只能用毛竹、角铁、钢管等材料）。一个园的东西两边还要拉加固钢绞丝，固定在路边埋入 50 厘米以下的锚石上。一个园两头必须用较粗的毛竹将各行架柱连接固定。

d.拉丝　柱顶及横梁离顶端 5 厘米处各拉一条粗的钢绞丝（细的钢绞丝要用 2 条），共 3 条。用钢绞丝作横梁的，两边钢绞丝的固定按毛竹等横梁的位置固定。柱顶不宜用竹架。3 条钢绞丝引到两头架柱外 1 米处，固定在土中 50 厘米深的锚石上。

e.拱片　用毛竹拱片。长按横梁长度的 1.25 倍左右计，即横梁 1.7 米，拱片 2.1 米；横梁 1.6 米，拱片 2 米；横梁 1.5 米，拱片 1.85 米。拱片宽度窄的一头 2.5～3 厘米。每隔 0.7 米一片，中心点固定在中间顶丝上。拱片两头应对齐，利于覆膜。

f.覆膜　棚面的宽度按拱片的宽度确定，厚度 0.03 毫米（3 丝）。棚面覆盖在避雨棚的拱片上，膜要拉紧，盖得平展。两边每隔 35 厘米用竹（木）夹夹在两边的钢绞丝上，然后用压膜带或布条按拱片距离斜向将棚面压紧，台风、大风地区应来回压膜。

g.注意事项

（a）拱片、横梁、拉丝安装高低要一致，两边对齐，有利覆膜。

（b）拱片宽度窄的一头应在 2.5 厘米以上，要抛光，避免棚膜破损。宽度 2.5 厘米以下的，第二年遇大风侵入有些拱片就断了，因此太细的拱片是不合算的。

（c）覆膜要平展，膜带要压紧。

h.需用材料　建 1 亩的避雨棚约需 2.0 米长的拱片 480 根（行距按 2 米计，下同），1.6 米长横梁 55 根，横向毛竹净总长约 90 米（如用钢绞丝约 200 米），直向钢绞丝约 1000 米，2 米宽的棚膜 350 米（3 丝约 18 千克），竹（木）夹约 1900 只，压膜带约 1000 米（台风、大风频繁地区要来回压膜，膜带则需约 2000 米）。

③ 三行葡萄一个避雨棚结构　行距 1.5 米左右的高密度葡萄园采用避雨栽培，如一行一个避雨小棚搭建成本较高，操作管理也较麻烦，可采用三行葡萄搭建一个避雨棚。

a.棚柱　利用 3 行葡萄的架柱，适当加高，中间行的柱加高至 2.5 米，两边两行的架柱加高至 2.2 米，加高后各行柱的高度必须一致。

b.避雨横梁　根据行距两棚中间应有不少于 30 厘米的空间，如行距 1.5 米，3 行为 4.5 米，避雨横梁应为 4.2 米，即架好后，2 根边柱中间向外的距离为 60 厘米。横梁固定位置为中间棚柱顶下 60 厘米处。如 3 行葡萄架柱横向不对齐的，横梁固定在其中两行的柱上；如架柱对齐的，横梁则固定在 3 根柱上，这样更加牢固。如全园葡萄架柱横向对齐的，可全园东西向拉钢绞丝代替横梁，可节省投资。一个葡萄园两头必须用较粗的毛竹将各行架柱连接固定。

c.拉丝　3 行柱顶及横梁离顶端 5 厘米处各拉一条粗的钢绞丝，共 5 条。柱顶不宜用竹架。用槲寄生作横梁的，两边钢绞丝固定的位置在毛竹等横梁的位置上。5 条钢绞丝引到两头架柱外 1 米处，固定在 50 厘米深的锚石上。

d.毛竹拱片　长 5.2 米，宽度窄的一头不小于 5 厘米，每隔 0.7 米 1 片，中心点固定在中间行的钢绞丝上，然后再固定在其他 4 条钢绞丝上，拱片两头应对齐，利于覆膜。

e.覆膜　膜的宽度与拱片宽度相同，即 5.2 米，厚度为 0.06 毫米（6 丝）。棚膜覆盖在拱片上。两边每隔 35 厘米用竹（木）夹夹在两边的钢绞丝上，然后用压膜带按拱片距离斜向将棚膜压紧。

f.注意事项

（a）中间高度不能低于 2.5 米，两棚之间必须留有 30 厘米的空间，有利于闷热天气散热和通风；

（b）拱片宽度不小于 5 厘米，因 5.2 米长的拱片，宽度不够不牢固；

（c）应用工厂生产的压膜带，不宜用布条。

g.需用材料　建 1 亩的避雨棚，约需 5.2 米长的拱片 210 根，4.2 米长的横梁约 35 根（如用钢绞丝约 200 米），葡萄园两头横向毛竹净长约 30 米（视葡萄园宽度定），直向钢绞丝约 2500 米，5.2 米宽的棚膜约 160 米，竹（木）夹约 900 个，压膜带约 1000 米。

2. 双十字 V 形架及避雨棚结构

(1) 双十字 V 形架　双十字 V 形架是浙江省海盐县杨治元创造的新型实用架式。从 1994 年开始在海盐县藤稔葡萄栽培中普遍采用，获得良好的效果。1995 年 8 月 8 日浙江省科技委员会主持召开的葡萄双十字 V 形架鉴定会上，通过了省级鉴定。至 2002 年，这种架式的推广面积在浙江、上海、江苏及全国各地已达 4000 多公顷。

① 适用品种　适用长势中等的、偏弱的和稍强的品种。欧美杂种如藤稔、巨峰、京亚、高妻、超籍、藤发、甬优 1 号、选拔 140 等。欧亚种如维多利亚、奥古斯特、87-1、京秀、香妃、京玉、里扎马特、红地球、意大利、红意大利、黑玫瑰、美人指等。

② 结构　由架柱、2 根横梁和 6 根拉丝组成。

a. 立柱　行距 2.5～2.7 米立一行水泥柱（或竹、木、石柱），柱距 4 米，柱长 2.9～3 米，埋入土中 0.6～0.7 米，柱顶离地面 2.3～2.4 米（与避雨棚结合，一步到位）。要特别注意立柱直向和横向均要对齐，有利于搭避雨棚。

b. 架横梁　种植当年夏季或冬季修剪后，每个柱架 2 根横梁。下横梁长 60 厘米，扎在离地面 115 厘米处，上横梁 80～100 厘米长，扎在离地面 150 厘米处（长势中庸的品种）或 155 厘米（长势强的品种）处。两道横梁两头高低必须一致。横梁以毛竹（一根劈两片）为好，钢筋水泥预制横梁、角铁横梁、钢管横梁均可。木横梁不妥，木横梁易腐烂，使用年限缩短。

c. 拉丝　离地面 90 厘米处柱两边拉两条钢丝，两道横梁离边 5 厘米处打孔，各拉一条钢丝，形成双十字 6 条拉丝的架式。横梁两边 4 条拉丝不宜扎在横梁上，否则每年整理拉丝时较费工。6 条拉丝最好用钢绞丝（电网上用的 7 股钢绞丝），耐用而不锈，且成本低。横梁两边的拉丝可用旧电线，枝蔓固定其上不易断，且枝蔓不会移动。

d. 需用材料　每亩需柱 65～70 根，长、短横梁各 65～70 根，拉丝 1600 米左右。

③ 特点　夏季护理叶幕呈 V 形，葡萄生长期叶幕形成三层：下部为通风带，中部为结果带，中、上部为光合带。蔓果生长规范，两边的果穗较整齐地挂在离中间架柱 15～20 厘米处，在避雨条件下，雨水一般不会淋至果穗上。

④ 优越性

a. 增加光合面积　据杨治元测定，叶幕面积为地面面积的 110%～120%。

b. 提高叶幕层光照度　据杨治元测定整个叶幕层一天中均有半天以上受光。东边外侧、东边内侧、西边外侧、西边内侧四个侧面晴天受光面上部 1.5 米处叶幕平均光照度为 3.04 万勒克斯，下部为 2.16 万勒克斯，明显优于单臂架和棚架。

c. 提高光合效率　杨治元等对藤稔葡萄园进行光能利用和光合效率测定，双十字 V 形架与单臂篱架比较，光能利用率单叶提高 25％，叶幕提高 74％，光合速率单叶提高 23％，叶幕提高 70％。

d. 提高萌芽率、萌芽整齐度和新梢生长均衡度　顶端优势不明显。

e. 提高通风透光度　有利于减轻病害，有利于提高果品质量。

f. 省工、省力、省架材、省农药　规范栽培，操作容易；蔓果管理部位在 1～1.6 米，操作时不吃力，能提高功效；架柱与避雨棚架柱结合，可减少架材。

（2）避雨棚结构

① 棚柱　利用双十字 V 形架的架柱。架柱高出地面 2.3～2.4 米。架柱长 2.9 米可直接利用；原架柱离地面不到 2.3 米的，用毛竹、木等加高至 2.3 米。柱顶高低必须一致，使避雨棚高低一致。

② 避雨横梁　柱顶下 40 厘米处架一根横梁。有两种做法。

一是用毛竹、角铁、钢管等材料，长度为 1.8 米。不宜用木料，因木料易腐烂，寿命不长。柱两边等距离，横梁边要对齐，使避雨棚对齐。每隔两根柱用长毛竹横向固定全园的架柱（不必再架 1.8 米的横梁），能有效地提高抗风力。

二是用粗的钢绞丝全园拉横丝。采用这种办法架柱横向必须对齐（如立柱横向不对齐的只能用毛竹、角铁、钢管等材料），钢绞丝固定在柱顶下 40 厘米处。一个园的东西两边还要拉加固钢绞丝，固定在路边埋入 50 厘米以下的锚石上。这种办法既牢固又投资少（因钢绞丝比毛竹等架材便宜很多）。风力较大的葡萄园在两根架柱中间再拉一条横丝，能提高抗风力。

不论采用哪种材料架横梁，一个葡萄园的两头都必须用较粗的毛竹，将各行架柱连接固定，避雨棚就比较牢固。

③ 拉丝　柱顶及横梁离顶端 5 厘米处各拉一条粗的钢绞丝（细的钢绞丝要用 2 条），共 3 条。用钢绞丝作横梁的，两边钢绞丝固定的位置，柱中心点左右各 85 厘米，即两边钢绞丝的距离为 170 厘米（与用毛竹横梁距离相等），柱顶不宜用竹架，否则易造成薄膜破损。

④ 拉丝牵引锚石固定　避雨棚的 3 条钢绞丝引到架柱外 1 米处，挖 50 厘米深的穴埋入锚石，将 3 条钢绞丝固定在锚石上，泥土填上敲实。用毛竹等作为避雨棚横梁的，长度超过 50 米的葡萄园，在东西两边也要拉若干条加固钢绞丝并牵引锚石。

⑤ 拱片　用 2.2 米长，窄的一头 2.5～3 厘米宽的毛竹拱片，每隔 0.7 米一片，中心点固定在中间顶丝上，两边固定在边丝上。拱片两边应对齐，利于覆膜。

⑥ 覆膜　用 2.2 米宽、0.03～0.05 毫米厚（3 丝至 5 丝）的棚面覆盖在避雨棚的拱片上。两边每隔 35 厘米用竹（木）夹夹在两边的钢绞丝上，然后用压膜带或布条按拱片的距离斜向将棚膜压紧，台风、大风频繁地区应来回压膜。

⑦ 注意事项

a. 拱片、横梁、拉丝安装高低必须一致，两边对齐，有利覆膜。

b. 拱片宽度窄的一头应在 2.5 厘米以上，要抛光，避免棚膜破损。如宽度在 2.5 厘米以下，第二年遇大风侵入有些拱片就会折断，因此太细的拱片是不合算的。

c. 覆膜要平展，膜带要压紧。

⑧需用材料　建 1 亩的避雨棚约需 2.2 米长的拱片 370 根，1.8 米长横梁 35 根，横向毛竹总长约 180 米（如用钢绞丝作横梁，约 200 米），直向钢绞丝约 800 米，2.2 米宽的棚膜 270 米（3 丝约 16 千克，5 丝约 27 千克），竹（木）夹约 1500 个，压膜带约 900 米（台风、大风频繁地区膜带要来回压膜，则需 1800 米）。毛竹、拉丝可用 5 年以上，较粗的拱片可用 3 年以上（每年均要调换少量不牢固的拱片），棚膜用 1 年，竹（木）夹用 2 年以上（每年均要调换已坏的竹、木夹），标准压膜带可用 5 年以上，布条每年要整理。

3. 高宽垂架及避雨棚结构

(1) 高宽垂架　葡萄高宽垂架栽培 20 世纪 20 年代创始于美国。20 世纪 60 年代以来，阿根廷、巴西、意大利、罗马尼亚、保加利亚、俄罗斯等国家都相继推广这种栽培方式。我国 20 世纪 80 年代初引进这种栽培方式，逐步在生产上推广使用。湖南省避雨栽培多数用高宽垂架。

① 适用品种　各品种均适用，长势旺的品种最适宜。

② 结构　由架柱、一根横梁和 8 条拉丝组成。

a. 立柱　行距 3 米立一行水泥柱（或竹、木、石柱），柱距 4 米，柱长 3 米，埋入土中 0.6 米，柱顶离地面 2.4 米。纵横距离一致，柱顶成一平面，两头边柱需向外倾斜 30°。

b. 架横梁　用 2 米长的横梁扎在离地面 1.7 米的柱上。横梁两头及高低必须一致。横梁以毛竹为好，角铁横梁、钢管横梁均可。木横梁不妥，因易腐烂，使用年限短。

c. 拉丝　离地面 1.3 米处柱两边拉 2 条铁丝；在横梁离柱 20 厘米、50 厘米和离横梁边 5 厘米处打孔，各拉一条铁丝，共拉 8 条拉丝。横梁上的 6 条拉丝不宜扎在横梁上，否则每年整理拉丝较费工。8 条拉丝最好用钢绞丝（电网上用的 7 股钢绞丝），耐用又不锈，且成本低。

d. 需用材料：每亩需柱 60 根左右，拉丝 1800 米左右。

③ 特点　结果部位高（1.5 米），叶幕宽（水平 2 米多），中后期发出新梢下垂。

④ 优越性

a. 枝蔓分两边均衡分布，能提高叶幕层光照度，提高光合效率。

b. 枝蔓在架面上水平生长，减弱生长势，有利花芽分化，适宜长势强旺的品种。

c. 结果母枝冬剪后水平绑缚，能提高萌芽率、萌芽整齐度和新梢生长均衡度，顶端优势不明显。

d.结果部位提高，减轻病害，避免、减轻日灼。

e.能计划定梢、定穗、控产，实行规范化栽培，提高果品质量。

（2）避雨棚结构　一行葡萄一个避雨棚结构。

① 棚柱　利用高宽垂架的架柱，架柱高出地面2.4米。架柱长3米可直接用；原架柱离地面不到2.4米的用竹、木等加高至2.4米。柱顶高低一致，使避雨棚高低一致。

② 避雨横梁　柱顶下40厘米处（离地面2米）架一根横梁。有以下两种做法。

一是用毛竹、角铁、钢管等材料，长度为2.4米。不宜用料，因木料易腐烂，寿命不长。柱两边等距离，一行的横梁边要对齐。每隔两根柱用长毛竹横向固定全园的架柱（不必再用2.4米的横梁），能有效地提高抗风力。

二是架柱横向对齐的葡萄园可用粗的钢绞丝全园拉横丝。钢绞丝固定在柱顶下40厘米处。一个园的东西两边，还应用钢绞丝固定在埋入土中50厘米处以下的锚石上。

不论采用哪种材料架横梁，一个葡萄园的两头都必须用较粗的毛竹，将各行架柱连接固定。

③ 拉丝　柱顶及横梁离顶端5厘米处各拉一条粗的钢绞丝（细的钢绞丝要用2根），共3条。用钢绞丝作横梁的，两边钢绞丝的固定位置，柱中心点左右各115厘米，即两根钢绞丝距离为230厘米（与毛竹横梁距离相等）。柱顶不宜用竹架。3条钢绞丝引到两头架柱外1米处，固定在土中50厘米深的锚石上。

④ 拱片　用毛竹拱片，长3米，窄的一头3厘米，每隔0.7米一片，中心点固定在中间顶丝上，两边固定在边丝上，拱片两头应对齐，利于覆膜。

⑤ 覆膜　用3米宽、0.03～0.05毫米（3丝到5丝）厚的棚膜平盖在避雨棚的拱片上，两边每隔35厘米用竹（木）夹夹在两边的钢绞丝上，然后用压膜带或布条按拱片距离斜向将棚膜压紧，台风、大风频繁地区应来回覆膜。

⑥ 需用材料　建1亩的避雨棚约需3米长的毛竹拱片320根，2.4米长横梁30根，横向毛竹净总长80米（如用钢绞丝作横向横梁，约200米），直向钢绞丝约700米，3米宽、0.03～0.05毫米厚棚膜230米，竹（木）夹1300只，压膜带约900米。

⑦ 注意事项

a.拱片、横梁、拉丝安装高低要一致，两边对齐，有利于覆膜。

b.拱片宽度窄的一头应在2.5厘米以上，要抛光，避免棚膜破损。宽度在2.5厘米以下，第二年遇大风侵入有些拱片就会折断，因此太细的拱片是不合算的。

c.覆膜要平展，膜带要压紧。

第三节　覆盖材料

覆盖材料依其功能主要分为采光材料、内覆盖材料和外覆盖材料三部分。选择标准主要有保温性、采光性、流滴性、使用寿命、强度和低成本等，其中保温性为首要指标。

一、采光材料

采光材料主要有玻璃、塑料薄膜、EVA 树脂（乙烯-醋酸乙烯共聚物）和 PV 薄膜等。北方设施栽培多选择无滴保温多功能膜，通常厚度在 0.08～0.12 毫米。

（1）聚乙烯（PE）长寿无滴膜　质地柔软、易造型、透光性好、无毒、防老化、寿命长，有良好的流滴性和耐酸、碱、盐性，是温室比较理想的覆盖材料，缺点是耐候性和保温性差，不易粘接，不宜在严寒地区使用。

（2）聚氯乙烯（PVC）长寿无滴膜　流滴的均匀性和持久性都好于聚乙烯长寿无滴膜，保温性、透光性能好，柔软易造型，适合在寒冷地区使用。缺点是薄膜密度大，成本较高；耐候性差，低温下会变硬脆化，高温下易软化松弛；助剂析出后，膜面吸尘，影响透光；残膜不可降解和燃烧处理；经过高温季节后透光率下降 50%。

（3）乙烯-醋酸乙烯（EVA）多功能复合膜　属三层共挤的一种高透明、高效能的新型塑料薄膜。流滴性得到改善，透明度高，保温性强，直射光透过率显著提高。连续使用两年以上，老化前不变形，用后可方便回收，不易造成土壤或环境污染。缺点是在高寒地区保温性能不如聚氯乙烯薄膜。

（4）PV（聚烯烃）薄膜　聚乙烯（PE）和醋酸乙烯（EVA）多层复合而成的新型温室覆盖薄膜，该膜综合了聚乙烯和醋酸乙烯的优点，强度大，抗老化性能好，透光率高，且燃烧处理时也不会散发有害气体。

二、内覆盖材料

主要包括遮阳网和无纺布等。

（1）遮阳网　用聚乙烯树脂加入耐老化助剂拉伸后编织而成，有黑色和灰色等不同颜色。有遮阳降温、防雨、防虫等效果，可作临时性保温防寒材料。

（2）无纺布　由聚乙烯、聚丙烯、维尼龙等纤维材料不经纺织，而是通过热压而成的一种轻型覆盖材料，多用于设施内双层保温。

三、外覆盖材料

包括草苫、纸被、棉被、保温毯和化纤保温被等。

(1) 草苫 保温效果可达 5～6℃，取材方便，制造简单，成本低廉。

(2) 纸被 在寒冷地区和季节，为进一步提高设施内的防寒保温效果，可在草苫下增盖纸被。纸被是由 4 层旧水泥纸或 6 层牛皮纸缝制的与草苫相同宽度的保温覆盖材料。

(3) 棉被 特点是质地轻、蓄热保温性强于草苫和纸被，在高寒地区保温力可达 10℃以上。如保管好，可用 6～7 年，但棉被造价较高，在冬春季节、多雨雪地区不宜大面积应用。

(4) 保温毯和化纤保温被 在国外的设施栽培中，为提高冬春季节的保温效果及防寒效果，在小棚上覆盖腈纶棉、尼龙丝等化纤下脚料纺织成的"化纤保温毯"，保温效果好。我国目前开发的保温被有多种类型，有的是外层用耐寒防水的尼龙布，内层是阻隔红外线的保温材料，中间夹置腈纶棉等化纤保温材料，经缝制而成。有的则用聚乙烯膜作防水保护层，外加网状拉力层增加拉力，然后通过热复合挤压成型将保温被连为整体。这类保温材料具有质轻、保温、耐寒、防雨、使用方便等特点，可使用 6～7 年，是用于节能型日光温室、代替草苫的新型防寒保温材料，但一次性投入相对较大。

第四节　设施内的环境特点及调控

设施葡萄生产是在相对密闭的小气候条件下进行的，主要是利用棚室覆盖等设施创造或改善环境条件来进行葡萄促成或延后生产的。为了更好地发挥设施葡萄的生产效益，必须充分认识和掌握设施内的环境特点及调控技术措施。

一、光照

【知识链接】

照度计测定原理和使用步骤

(1) 照度计测量原理：光电池是把光能直接转换成电能的光电元件。当光线射到硒光电池表面时，入射光透过金属薄膜到达半导体硒层和金属薄膜的分界面上，在界面上产生光电效应。产生电位差的大小与光电池受光表面上的照度有一定的比例关系。这时如果接上外电路，就会有电流通过，电流值从以勒克斯（lx）为刻度的微安表上指示出来。光电流的大小取决于入射光的强弱和回路中的电阻。照度计有变档装置，因此可以测高照度，也可以测低照度（见图4-9）。

（2）使用步骤

①打开电源。

②打开光检测器盖子，并将光检测器水平放在测量位置。

③选择适合测量档位。

如果显示屏左端只显示"1"，表示照度过量，需要按下量程键（⑧键），调整测量倍数。

④照度计开始工作，并在显示屏上显示照度值。

⑤显示屏上显示数据不断地变动，当显示数据比较稳定时，按下 HOLD 键，锁定数据。

⑥读取并记录读数器中显示的观测值。观测值等于读数器中显示数字与量程值的乘积。比如：屏幕上显示 500，右下角显示状态为"×2000"，照度测量值为 1000000lx，即（500×2000）lx。

⑦再按一下锁定开关，取消读值锁定功能。

⑧每一次观测时，连续读数三次并记录。

⑨每一次测量工作完成后，按下电源开关键，切断电源。

⑩盖上光检测器盖子，并放回盒里。

1. 光照强度

设施葡萄生产是在一年中光照时间最短、光照强度最弱的季节进行，而且由于支柱、拱架等遮荫，塑料薄膜的吸收和反射作用，以及塑料薄膜内面的凝结水滴或尘埃等影响，使得设施内的光照强度只有自然光照的 70%～80%，因此改善设施内的光照条件成为提高设施葡萄产量和质量的主要措施。

设施内的光照强度以垂直分布差异最大。在垂直方向上，越靠近薄膜光照强度越大，由上向下递减，且递减的梯度比室外大，大约每下降 1 米，光照强度减少10%～20%。以中部为例，靠近薄膜处相对光照强度为 80%，距地面 0.5～1.0 米为 60%，距地面 0.2 米处仅有 55%。光照的水平分布规律是：南北延长的塑料大棚，上午东侧光照度高，西侧低，下午相反，全天东西两侧平均光照度差异不大。东西延长的大棚，平均光照度比南北延长的高，升温快，但南部光照度明显高于北部，最大相差 20%，光照水平分布不均匀。日光温室南北方向上，光照强度相差较小，距地面 1.5 米处，每向北延长 2 米，光照强度平均相差 15% 左右。东西山墙内侧大约各有 2 米左右的空间光照条件较差，温室越长这种影响越小。

日光温室内葡萄南北行栽植。据测定，在冬季和早春白天，前部光照强度明显高于后部，这是日光温室前部果树产量高于后部的重要原因之一。单株葡萄叶片上的光照自树冠上向下而递减，自树冠外向内递减。

2. 光照时间

日光温室内的光照时间除了受自然光照时间的限制外，在很大程度上受人工措施的影响。冬季为了保温的需要，要晚揭早盖草苫和纸被，人为地造成室内黑夜的延长，12月至第二年1月，室内光照时间一般为6~8小时；进入3月后，由于外界气温逐渐升高，管理上改为适时早揭晚盖，室内光照时间可达到8~10小时。

塑料大棚由于棚架高大，一般不覆盖草苫，其光照时间的长短及季节的变化与露地相同。

3. 光照调控

设施葡萄生产实践证明，许多优质高效典型，都是采用了一系列的增光技术措施，使棚室内光照增加，改善了葡萄对光照需要的条件。除了选择优型棚室、选用透光率高的薄膜外，增光的措施还有以下几点：

一是定期用笤帚或用布条、旧衣物等捆绑在木杆上，将温室、大棚薄膜的尘土或杂物清扫干净。此项工作虽然费工，但增加光照的效果较好。

二是在温度允许的前提下，适当早揭晚盖保温覆盖物，以延长光照时间。

三是在设施葡萄果实成熟前30~40天，在架下地面上铺设反光膜，将太阳直射到地面上的光，反射到树冠下部和中部的叶片和果实上，不但可以提高果实品质，还可提高产量，增加收入。

四是在温室后墙张挂反光幕，将射入温室后墙的太阳光投射到前部，可以增加光照25%左右。方法是在中柱南侧或后墙、山墙的最高点横拉一道细铁丝，把幅宽2米的聚酯镀铝膜上端分别搭在铁丝上，折过来用透明胶纸粘住，下端卷入竹竿或细绳中。此种方法在辽宁省大连、营口、沈阳等地日光温室葡萄生产中都有应用。

五是在连续阴天的时候，为了保证葡萄能够正常生长发育，需进行人工照明补充光照。

提示板

阴天时，也要揭开草苫，因为阴天的散射光也有增光与增温的作用；下雪天一般不宜揭草苫，当天气转晴后立即扫雪揭草苫；当连续两三天揭不开草苫，一旦晴天，光照很强时，不宜立即把草苫全揭开，可以先隔一揭一，逐渐全部揭开。

六是修剪，葡萄因为枝条过密或者架形不太合理常常造成局部光照不足，造成底层叶片过早衰老黄化。这时要合理布架，及时地进行修剪，剪除过密和徒长枝条，对副梢要进行及时的摘心，对黄化衰老的枝条要进行摘除。对于部分交织在一起的枝条要理顺关系，均匀地绑到架面上。

七是套袋，在设施葡萄栽培中，光照的强弱直接影响到葡萄果实的外观品质，光照过强时常常引起日灼的发生和葡萄着色过深，造成果面局部凹陷坏死和果实颜色发黑。特别是在高寒冷凉地区环境污染较少，光照较强。特别是紫外线的照射较强。以红地球葡萄为例，其着色较容易，但是过强的光照照射容易导致红地球葡萄着色太深，使"红提"变为"黑提"，使葡萄失去了原有性状和商品价值。为了调控葡萄果面的色泽，在生产实践中主要用套袋的方法来调控葡萄果面的光照强度。在生产中根据葡萄纸袋的色泽可分为白纸袋、黄纸袋、蓝纸袋和牛皮纸袋，它们的透光率依次降低，在葡萄日光温室延迟栽培中应用较多的是白纸袋，白纸袋有利于葡萄光照的减弱，降低葡萄的色泽和提高葡萄的外观品质。

二、温度

【知识链接】

温度计的使用

（1）温度计简介　在生产实践中最常用的温度计是水银温度计和酒精温度计，即在一个密闭的小玻璃球内装上水银或者酒精，受热后水银或者酒精在柱状玻璃管中上升。在柱状玻璃的外端标有刻度，当水银柱或者酒精柱上升到一定高度后，水银柱或者酒精柱顶端所对齐的刻度即为所处环境的温度。水银温度计和酒精温度计的优点是廉价、携带方便。除此之外，随着科技的发展，电子数码温度计也得到了越来越广泛的应用，电子数码温度计上面有一个显示器，将电子数码温度计安装好后，显示器上会自动显示出所处环境的温度，它的优点是快速、方便、易读，一般的温度计都用摄氏度（℃）作为单位。

（2）温度计的安装　为了较客观地利用温度计来测量日光温室内温度，温度计的安装悬挂要科学合理，通常情况下日光温室内的温度中间高于两端，为了准确地反映日光温室内的温度，在日光温室内应等距离地悬挂三支温度计，然后求其平均值，此平均值代表日光温室内的温度。温度计应安装悬挂在离地面1.2～1.5米的高度，在棚前屋面和后屋面的中心上空。温度计不可悬挂在前屋面上或者水泥立柱上，这样测出的温度高于室内温度；也不可将温度计悬挂在葡萄植株上，这样因为葡萄叶片的遮荫而测出的温度低于温室内温度。

1. 气温

日光温室由于采光面合理，结构严密，采用多层覆盖，加上适宜的管理措施，室内气温明显高于室外。室内外温差最大值出现在最寒冷的 1 月份，以后随外界气温的升高、通风量加大，室内外温差逐渐缩小。

冬季晴天室内气温日变化显著。温室内最低气温出现在揭开保温覆盖材料前的短时间内，揭升覆盖材料后气温很快上升，11 时前升温最快，在密闭条件下每小时最多可上升 6～10℃，这期间是温度管理的关键。13 时气温达到最高，以后开始下降，15 时以后下降速度加快，直到覆盖保温物为止。此后温室内气温回升 1～3℃，然后平缓下降，直到第二天早晨。温室内的气温在南北方向上分布不均匀，中部气温最高，向北、向南递减，白天南部高于北部，夜间北部高于南部。由于山墙遮阴和墙上开门的影响，气温在东西方向上也不相同，一般近门端气温低于远离门的一端。

塑料大棚内气温的日变化趋势与露地基本相似，一般最低气温出现在凌晨，日出后随太阳高度增加棚内气温开始上升，8～10 时上升最快，最高气温出现在 13 时，14 时以后气温开始下降，日落前下降最快，昼夜温差较大。塑料大棚内不同部位的气温不同，南北延长的大棚，午前东部气温高于西部，午后西部高于东部，温度差为 1～3℃。夜间，大棚气温变化减弱，棚四周气温低于中部，如果有冻害发生，边沿一带较重。

2. 地温

日光温室内地温比室外显著提高。室内南北方向上的地温梯度明显，距后墙 3 米处为高温点，由此向南、向北地温梯度明显，但距离后墙 3～5 米处地温梯度不大，5～6 米处地温梯度剧增。东西方向上的地温差异主要是山墙遮阴、边际效应及在山墙上开门造成的。近门附近，地温差异较大，局部可达 1～3℃。

一天中，随土层深度不同，地温最高值和最低值出现时间也不同。5 厘米处地温最高值出现在 13 时，深度每增加 5 厘米，最高地温出现时刻大致延后 2 小时。最低地温通常出现在刚揭草苫和纸被之后。8 时至 14 时为温室内地温上升时段，14 时至次日 8 时为地温下降时段。

塑料大棚内地温与气温一样，随自然季节变化而变化。秋季地温逐渐下降，但比气温下降缓慢。一般秋季早晨 5 厘米处地温低于 10～15 厘米处地温，但中午和傍晚 5 厘米处地温则又高于 10～15 厘米处地温。春季 5 厘米处地温比 10 厘米处地温回升快，我国北方地区春季 5 厘米处的地温稳定在 12℃以上的时间一般比 10 厘米处地温提早 6 天左右。

3. 温度调控

（1）保温措施　我国北方冬季设施葡萄生产中，经常采取的保温措施有：增加棚膜的通透性，采用透光率高的无滴膜，及时清除棚膜上的灰尘、积雪等；提高覆盖材料的保温性能；减少缝隙放热，如及时修补棚膜破洞、设作业间和缓冲带、密闭门窗等；采用多层覆盖的措施，如设置两层幕、在温室和大棚内加设小拱棚等；采取临时加温的措施，如利用热风炉、液化气罐、炭火；增强后墙、后坡和山墙的保温性等。

（2）降温措施 常用的降温措施是自然放风降温，如将塑料薄膜扒缝放风，分为放底脚风、放腰风和放顶风 3 种，以放顶风效果好。扣棚膜时用两块棚膜，边缘处都黏合一条尼龙绳，重叠压紧，必要时可开闭放风，这样就在温室顶部预留一条可以开闭的通风带，可根据扒缝大小调整通风量。自然放风降温还可以采取筒状放风方式，即在前屋面的高处每 1.5～2.0 米开 1 个直径为 30～40 厘米的圆形孔，然后黏合 1 个直径比开口稍大、长 50～60 厘米的塑料筒，筒顶用环状铁丝圈固定，需要通风时用竹竿将筒口支起，形成烟囱状通风口，不用时将筒口扭起，这种放风方法在冬季生产中排湿降温效果较好。温室也可采取强制通风降温措施，如安装通风扇等。

> **提示板**
>
> 　　设施葡萄生产中，有人经常采用遮盖草苫的方法来进行降温，此种方法是错误的，因为遮盖草苫会直接影响葡萄的光合作用。因此，这种方法不可取。

4. 温度调控的主要措施

在葡萄日光温室栽培条件下，室内温度除了受外界温度变化的影响外，还受日光温室自身的建设和材料的影响，如温室的墙体厚度、草帘的薄厚等，除了这些因素外，室内温度还受到如下措施的影响：

（1）覆膜 指在葡萄定植沟内或者全棚覆盖塑料薄膜，覆膜的主要作用为降低土壤的蒸发量，从而降低湿度，提高地温。实践表明：覆盖地膜后地温可提高 3～5℃，不同的地膜对地温提高的效果不同。对升温的效果来说黑色地膜最好，但黑地膜的保温效果较差，其次为白色地膜和带颜色的地膜。日光温室内在任何温度较低的时候都可以进行覆膜。特别是在新栽的苗木定植沟覆盖地膜后，促进了根系生长，提高了苗木的成活率。刚定植的苗木因为外界的温度容易满足枝条萌动的条件（枝条萌动所需要的温度在 15℃ 左右）所以枝条在此情况下较容易发芽，而根系所需要的地温（10℃ 左右）不容易提高，所以根系不容易萌动生长，这样就会导致根系和枝条萌动的不同步，即枝条在 7 天左右开始萌动，而根系在13 天左右才开始萌动。如果不及时地调节这种矛盾就会导致枝条早发芽而根系后生根，根系不能及时地向上提供水分而枝条展叶后消耗大量的水分，最终枝条中的水分被抽干而导致植株死亡，其实在许多栽植地区这种早发芽的现象都是一种"假活"现象。为了解决这种矛盾，即在定植前将地整平后，沿着葡萄定植沟铺

1～1.2米地膜。然后暴晒3天后进行苗木的定植，葡萄苗木的成活率可提高20％左右。

（2）浇水 当外界温度较高时可以通过浇水的方式降低温度，这种措施主要用在葡萄露地生长时期，通过浇水后增加了空气中的湿度从而可降低气温和地温。但是浇水降低温度的方法要避开开花期和葡萄采收期，否则会引起大量的落花落果和品质下降。

（3）通风 指通过调节通风口的大小使温室内的气流对流后进行温度调节，这是生产实践中最常用的温度调控措施。当温度过高时可以将下通风口打开，这样有利于空气的流通和温度的降低。但是在夜间温度过低时，要在下午及时将通风口闭上。

（4）人工加热 日光温室通常条件下是不需要人工加热的，在葡萄日光温室延迟栽培中，当葡萄接近成熟采收时，偶尔发生灾害性的低温天气（如雪灾、早霜等），室内温度低于0℃时，可采取人工加热的方式提高棚内的温度，加热的设备主要有火炉和加热灯等，通过加热可以避免低温对葡萄的影响，火炉加热时要将产生的烟尘及时通过烟道排出室外，不可将烟尘直接排到温室内，切忌直接在温室内点燃秸秆生火加热，这样容易引起火灾及葡萄叶片局部高温至干枯死亡。

5. 各时期温度调控要求

（1）冬春揭帘升温催芽期温度调控 日光温室一般在1月上旬到2月上旬葡萄休眠期结束时开始揭帘升温较适宜；塑料大棚一般在外界日平均温度稳定在−2～−4℃开始覆膜升温。日光温室的升温主要通过揭盖草苫等覆盖物控制。一般在太阳出来后半小时揭帘，日落前1小时左右盖帘，阴雪天不揭帘。在开始升温的前10天左右，应使室温缓慢上升，白天室温由10℃逐渐上升到15～20℃，夜间保持在10～15℃，最低不低于5℃，地温要上升到10℃左右。升温后20天左右的催芽温度，白天由15～20℃逐渐升到25～28℃，夜间保持在15～20℃，地温稳定在20℃左右。升温催芽不能操之过急，要缓慢升温。由于开始升温时，室温上升较快，地温上升较慢，当室温骤然升高，常使冬芽提前萌发，而地温不能达到根系生长的要求，导致地上部和地下部生长不协调，发芽不整齐，花序发育不良，产量降低。此阶段温度控制的重点是白天注意升温，升温应缓慢进行，夜间注意保温，保证夜间温度维持在10℃以上。

（2）萌芽期到开花期的温度调控 从萌芽到开花前葡萄新梢生长速度较快，花序器官继续分化。在正常的室温条件下，从萌芽到开花需要40天左右。萌芽期白天室温控制在20～28℃，夜间保持15～18℃。开花期白天室温保持在20～25℃，最高不超过28℃，夜间保持在16～18℃。此期白天温度达到27℃时，应通风降温，使温度维持在25℃左右。萌芽期、开花期温度高，从萌芽到开花的时间缩短，但易发生徒长，枝条细弱，花序分化差，花序小，影响产量；开花期温度过高，坐果率降低，落花落果严重，叶片易出现黄化脱落等现象。此期温度管理的重点是保证夜间的温度，控制白天的温度。晴天时白天注意通风降温，使温度不要超过28℃；阴天时在能保证温度的情况下，尽量进行放风降湿，防止植株徒长。

（3）果实膨大期温度调控　此期为营养生长与生殖生长同时进行。白天温度控制在25～28℃，夜间保持在16～20℃；本阶段太阳辐射增强，设施内温度较高，应注意通风降温，使室内温度不要超过30℃。当外界气温稳定在20℃左右时，温室、大棚的通风口晚上不用关闭；避雨棚下部围裙可以去掉，有利于通风换气，使葡萄增强抗性。

（4）果实着色至成熟期温度调控　本阶段为了促进果实糖分积累、浆果着色，促进果实成熟及增加树体养分积累，应人为加大设施内的昼夜温差。白天温度控制在28～30℃，最高不要超过32℃，夜间加大通风量，使夜间室温维持在15℃左右，使昼夜温差达到10～15℃。此期温度管理的重点是防止白天温度过高，尽量降低夜间温度，增大昼夜温差，促进果实着色、成熟，提高果实的含糖量。

三、湿度

【知识链接】

湿度计的使用

日光温室内的湿度调控主要是指根系生长的土壤湿度的调控和外界枝干所处的空气湿度的调控，主要包括空气湿度和土壤湿度。葡萄土壤湿度过大时容易造成葡萄呼吸困难，无氧呼吸产生大量的乙醇使根系腐烂坏死，土壤缺水时影响葡萄果实的生长发育和植株的生长，土壤过度干旱常常使葡萄萎蔫死亡。空气湿度常常影响葡萄的授粉受精及病害的发生，高温高湿或低温高湿促进了病害的发生和蔓延。要进行湿度调控首先得了解湿度计的安装和使用。

生产实践中最常用的湿度计是干湿球计湿度计，干湿球计湿度计又叫干湿计。它是利用水蒸发要吸热降温，而蒸发的快慢（即降温的多少）是和当时空气的相对湿度有关这一原理制成的。其由两支温度计构成，其一在球部用白纱布包好，将纱布另一端浸在水槽里，即由毛细作用使纱布经常保持潮湿，此即湿球，另一露置于空气中的温度计，谓之干球（干球即表示气温的温度）。如果空气中水蒸气量没饱和，湿球的表面便不断地蒸发水汽，并吸取汽化热，因此湿球所显示的温度都比干球所示要低。空气越干燥（即湿度越低），蒸发越快，不断地吸取汽化热，使湿球所示的温度降低，而与干球间的差增大。相反，当空气中的水蒸气量呈饱和状态时，水便不再蒸发，也不吸取汽化热，湿球和干球所示的温度，即会相等。

使用时，应将干湿计放置距地面1.2～1.5米的高处。读出干、湿两球所指示的温度差，由该湿度计所附的对照表就可查出当时空气的相对湿度。因为水分蒸发的快慢，不仅和当时空气的相对湿度有关，还和空气的流通速度有关。所以干湿球温度计所附的对照表只适用于指定的风速，不能任意应用。例如，设干球温度计所示的温度是22℃，湿球温度计所指示的是16℃，可先在表中所示干球温度一行找到22℃，又在湿球温度一行找到6℃，再把22℃横向与6℃竖行对齐，找到数值54，即相对湿度为54％。

1. 湿度变化

冬季生产中，设施内处于密闭状态下，空气湿度较大，白天多在70％～80％以上，夜间更大，常保持在90％～95％，形成了一个高湿的环境。白天室温升高，相对湿度下降，最小值一般出现在14～15时；夜间相对湿度较高，变化很小，最高值出现在揭开草苫之后的十几分钟内。

2. 湿度调控

控制设施内湿度的措施主要有以下几点：

一是地面覆盖地膜，既可以控制土壤水分蒸发，又可以提高地温，是冬季设施葡萄生产必不可少的措施。

二是在注意保温的前提下，进行通风换气，可明显降低空气湿度。

三是在温度较低无法放风的情况下，采取加温降湿的方法。

四是设施内灌水采用管道膜下灌水，可明显避免空气湿度过大；有条件的园地，采用除湿机来降低空气湿度，在设施内放置生石灰吸湿，也可在行间、株间放置或吊挂麦秸、稻草、活性白土等吸湿物，都有较好效果。

3. 各时期湿度调控要求

设施内空气湿度的调控，要根据葡萄不同的生长发育阶段来进行。在催芽期，土壤要小水勤浇，使室内湿度控制在85％左右，以防止芽眼枯死；开花期室内空气湿度应控制在65％左右，有利于开花授粉受精，以提高坐果率；果实膨大至浆果着色期室内空气湿度控制在75％左右；浆果成熟期，控制在55％左右为最佳，以提高浆果可溶性固形物含量和耐贮运性。如室内湿度不足时，用地面灌水、室内喷雾等方法增加湿度，以保证葡萄生长发育的需要；设施内湿度过高，应减少灌水，并覆盖地膜，这样既减少水分蒸发，又提高地温；还可以通过通风的方法，排出水蒸气，降低室内湿度，这也是最常用最有效的方法。设施内湿度较小，也能减少病虫害的发生。

4.湿度调控的措施

（1）灌水 土壤湿度调控的主要措施是浇水。当土壤干旱缺水时，要及时地灌水。灌完水后如果空气中的湿度太大要及时地松土，松土有利于保墒和减少地表蒸发，从而可降低空气湿度。

（2）覆膜 在葡萄生长后期如果日光温室内湿度过大容易引起病害的发生和蔓延，特别是葡萄果穗病害的发生。覆膜是在地面上部分或者全部覆盖塑料薄膜，减少地表的水分蒸发，从而可降低空气湿度。相反，如果温室内湿度过低时可进行室内洒水或喷水，这在新定植的苗木上应用较多。

（3）调整通风口 当棚内湿度过大时可以在中午时候打开通风口进行湿度调节，当棚内的湿度较低时要减少通风口的开放时间和大小。

（4）修剪措施 当棚内枝叶过于密闭或者间作物过于高大时，常常造成棚内空气流动不畅，湿度增加，从而引起病害的发生。此时，应剪除部分枝条和清除行间的间作物，使棚内通风透气，促进室内外的空气流动和水分交换，从而降低棚内湿度。

【知识链接】

温湿度记录仪

温湿度记录仪（Temperature and Humidity Data Logger）是温湿度测量仪器中温湿度计的一种（见图4-10）。其具有通过内置温湿度传感器或连接外部温湿度传感器测量温度和湿度的功能。具体特性如下。

（1）内置电池，断电后可继续工作48小时以上（实测60小时）

（2）市电断电、通电报警功能

（3）温度、湿度超限报警功能

（4）报警功能：短信报警，振铃语音报警

（5）设备自带就地声光报警功能

（6）数据存储功能，30分钟存储一次，可以连续存储4年

（7）带2路继电器输出（常开），可任意关联报警事项

（8）支持远程短信设置和查询设备参数

（9）设备自带按键，方便维护人员就近按键操作

（10）数据上传免费中性云平台，方便集中远程查看数据

四、气体

在设施密闭状态下，对葡萄生长发育影响较大的气体主要是二氧化碳和有害气体。

1. 二氧化碳

············ 【知识链接】 ············

GT-903-CO₂ 泵吸式二氧化碳气检测仪

（1）产品描述　GT-903-CO₂ 泵吸式二氧化碳气检测仪（见图4-11），适用于各种工业环境和特殊环境中的气体浓度检测，采用进口电化学/红外吸收气体传感器和微控制器技术，响应速度快，测量精度高，稳定性和重复性好，整机性能居国内领先水平，各项参数用户可自定义设置，操作简单。内置 4000mA 大容量聚合物可充电电池，超长待机；采用 2.4 寸工业级彩屏，完美显示各项技术指标和气体浓度值，可在屏幕上查看历史数据，具有存储、数据导出、温湿度检测等功能。

（2）仪器特色：

① 采用最新半导体纳米工艺超低功耗 32 位微处理器

② 采用 2.4 寸工业级彩屏，分辨率为 320×240

③ PPM、%VOL、mg/m³ 三种浓度单位可自由切换

④ 具有数据存储功能，可以存储数据 100000 组，可在屏幕上直观查看历史数据，可导出数据

⑤ 具有温湿度检测功能，可检测现场或者管道内气体的温湿度值（选配）

⑥ 各种模式可调整：检测模式、存储模式、显示模式、气泵模式

⑦ 内置强力抽气泵，可在微负压环境下工作，合理的气室设计能保证传感器不受压力干扰

⑧ 具有过压保护、过充保护、防静电干扰、防磁场干扰等功能

⑨ 全软件自动校准、传感器多达 6 级目标点校准功能，保证测量的准确性和线性，并且具有数据恢复功能

⑩ 全中文/英文操作菜单，简单实用

⑪ 带温度补偿功能，仪器采用防尘措施，配有粉尘过滤器，可用于各种恶劣的场合

（1）二氧化碳浓度变化　葡萄所需要的各种有机营养物质的基本原料是光合产物，而光合作用是有机营养物质产生的基础。这些有机营养物质中的碳都是通过光合作用由二氧化碳转化得来的。在自然条件下，大气中二氧化碳的含量通常为 0.03%，即为 300 毫克/升。这个浓度的二氧化碳虽然能保证葡萄植株的正常生长发育，但若人工增施二氧化碳，会获得更高的产量。

棚室葡萄栽培一般都是在低温季节进行，通风量较小，但由于施肥量大，其内部二氧化碳浓度条件与外界有较大差别。一般说来，塑料棚室内是独立的二氧化碳环境，它的日变化趋势是：早晨揭开保温覆盖物时浓度最高，一般可达

1％～1.5％。白天随光合作用的进行，二氧化碳浓度逐渐下降，如不通风到上午10时左右达到最低，可达0.01％，低于自然界大气中的二氧化碳浓度（0.03％），抑制了光合作用，造成葡萄"生理饥饿"，此时若不及时补充二氧化碳，合成物质就要减少，影响葡萄的正常生长发育。通风之后，外界二氧化碳进入棚室内，逐渐达到内外平衡状态。夜间，光合作用停止，但由于葡萄植物的呼吸作用和土壤中有机物分解，使棚室内二氧化碳浓度增加，日出前二氧化碳浓度明显高于外界。

(2) 二氧化碳浓度的调控　设施内二氧化碳浓度的调控主要是指用人工方法来补充二氧化碳供应葡萄植物吸收，通常称为二氧化碳施肥。二氧化碳施肥在一些国家已经成为设施葡萄生产的常规技术。二氧化碳施肥主要有以下几种途径：

一是通风换气。时间是在2月前，10～14时，当温度达到25℃时即开始通风换气，降至22℃时关闭通风孔。注意每天间断通风换气1～2次，每次30分钟，以后随着棚室内温度升高，换气时间也逐渐延长。

二是多施有机肥。据有关试验表明，1吨有机物最终能释放出1.5吨二氧化碳。

三是施用固体二氧化碳。一般于葡萄开花前5天左右，开深2厘米左右的条状沟施入固体二氧化碳，然后覆土1～2厘米厚。

四是利用二氧化碳发生仪。即采用稀硫酸和碳酸氢铵反应制造二氧化碳气体。

五是利用秸秆生物反应堆来产生二氧化碳。秸秆生物反应堆是使作物秸秆在微生物（纤维分解菌）的作用下发酵分解，产生二氧化碳、热量、抗病孢子、有机和无机肥料来提高作物抗病性、作物产量和品质的一项新技术。据测定，1千克秸秆可以产生1.1千克二氧化碳，使大棚内二氧化碳的浓度提高到900～1900毫克/升，二氧化碳浓度提高4～6倍，光合效率提高50％以上。这是目前正在推广、效果较好的一种方法。

提示板

施放二氧化碳应保持一定的连续性，间隔时间不宜超过1周。宜在晴天的上午施放，阴、雨雪天和温度低时不宜施放。

---

2. 有害气体的为害及预防

设施葡萄生产中如果管理技术不当，可发生多种有害气体危害，造成葡萄伤害。常见的有害气体有氨气、亚硝酸气体、一氧化碳和亚硫酸气体等。具体症状及预防方法参见表4-1。

表 4-1　主要有害气体为害症状及预防方法

气体 ＼ 项目	来源	受害浓度/（毫克/升）	为害症状	预防方法
氨气	未经腐熟的农家肥、碳酸氢铵或撒施尿素	5	氨气从气孔侵入细胞。最先为害生命力旺盛的叶片叶缘，受害的组织先变褐色后变白色，严重时枯死	深施充分腐熟后的有机肥，不用或少用尿素。挥发性强的化肥作追肥，要适当深施。施肥后及时灌水。覆盖地膜可以防止有害气体释放，减轻为害。一旦发生气害，及时通风
亚硝酸气体	施用过量的氮素化肥	2	亚硝酸气体从气孔侵入叶内组织，中部叶片受害重，叶面气孔部分先变白，随后除叶脉外，整个叶片被漂白、干枯。浓度过高，叶脉也可变白，全株枯死	除上述预防方法外，发现亚硝酸气体中毒时，还可以每亩施入100千克左右的石灰，提高土壤的 pH 值
一氧化碳与亚硫酸气体	燃料燃烧不完全或质量不好	3	植株叶缘与叶脉间的细胞死亡，发生小斑点或枯死，叶片失去光泽如水浸状，进一步褪色变成浅白色	采用火炉加温时要选用含硫低、易完全燃烧的燃料，炉子要燃烧充分，注意通风换气，经常检查烟道。采用木炭加温要在室外点燃后再放入棚室内

提示板

　　生产中可以用 pH 试纸来测定棚室内在早晨放风前棚膜上水滴的酸碱度，确定有害气体的种类。正常情况下，棚膜上水滴为中性，当试纸呈碱性物质的颜色时，为氨气存在，当试纸呈酸性物质的颜色时，说明硝酸气体存在。

　　设施内有害气体的控制主要有五项措施。一是要注意科学施肥。少施化肥，尤其要少施尿素；施用时要少量多次；施用有机肥要经过充分腐熟，不用未经腐熟的有机肥。二是注意通风换气，通过通风换气排除设施内的有害气体。三是选用质量较好的薄膜，防止有害气体的挥发。四是在温室加温时，保证加温设备通畅、不漏气，燃料充分燃烧。五是合理施用农药、化肥，不要随意加大使用浓度和数量。

第五章

温室葡萄优质高效栽培技术

第一节　葡萄栽植和架式

【知识链接】

葡萄根

葡萄根系吸收根的数量很大，因此具有强大的吸收功能，同时也具有强大的输导系统，多年生根的横截面上肉眼即可看到粗大的导管，保证了水分、养分迅速地向上运输，地下地上养分的交换，使地上枝蔓旺盛，迅速地攀缘生长。葡萄的根是肉质性的，又是重要的贮藏器官（图5-1）。晚秋和冬季，在根的各种组织中积累大量的淀粉、蛋白质和糖类等营养物质。因此，越冬时根系受到严重伤害对次年生长非常不利。

葡萄根系在年周期中一般出现春季和秋季两次生长高峰。春天，地温达 6～6.5℃，地上枝蔓新伤口出现伤流，即标志着根系开始活动。地温达 12～14℃ 时开始生长，20℃ 左右旺盛生长，进入第一次生长高峰。秋季落叶前出现第二次生长高峰。根系的生长活动，除了受地温和其他土壤条件影响外，也与品种、树龄、树势、肥水条件和植株营养状况有关。

葡萄的根系常因架式不同分布很不对称。一般棚架整枝，枝蔓倒向一面生长，根系在架前生长比架后旺盛，根量也大，施肥和灌水应注意这种情况。深翻后的土壤中葡萄根系生长旺盛，分布深广，吸收根数量多，因此更能抗旱、耐寒。葡萄根系衰老后，发生新根的能力逐年减弱，如果将老根截断，则可在伤口附近发出大量的新根。所以适时对老根进行适当的更新，可刺激根群的生长，使衰老的植株得以复壮。

一、栽植制度

设施葡萄的栽植制度有两种，一年一栽制和多年一栽制。

一年一栽制是指采用一年生苗栽植，第二年浆果采收后更新，重新定植培育好的一年生新苗。此种制度在巨峰系葡萄品种中应用效果较好，具有果实质量好、丰产等优点。此外，由于不需要考虑植株第二年的情况，可以高密度栽植，单产高、效益大，还可以根据市场变化及时调整种植的品种。但此种栽植制度每年都需要大量的高质量苗木，育苗成本大。目前这种栽植制度的应用逐渐在减少。

多年一栽制，即苗木栽植一次，可以连续多年生长结果。目前我国大部分设施葡萄产区多采用这种栽植制度。它具有省工、省力、省苗木的优点。栽培管理好的条件下可以连续多年保持丰产、稳产。缺点是管理不当时，易导致葡萄早衰，芽眼成熟不好，春天芽眼萌芽率低，整齐度差，果穗小而松散，大小粒严重等，有些棚室甚至出现隔年结果现象。因此多年一栽制对生产者的技术要求比较高。

二、栽植架式与密度

目前设施葡萄栽培中主要应用的架式有两种：棚架和篱架。在日光温室内既有篱架，也有棚架。栽植时多采用双行带状栽植。温室都为集约栽培，因此栽植密度一般比露地栽植大，具体的密度要依据所采用的架式、树形、行向等确定。

1. 双行带状栽植篱架管理

采用南北行向，双行带状栽植。即株距 0.5 米，小行距 0.5 米，大行距 2.0~2.5 米。两行葡萄新梢向外倾斜搭架生长，下部宽（小行距）0.5 米，上部宽 1.5~2.0 米，双篱架结果（图 5-2）。采用"FI"整形方式的适宜密度为株距 0.7 米，小行距 0.5 米，大行距 1.5 米。

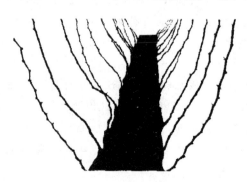

图 5-2　葡萄双篱架

2. 双行带状栽植小棚架管理

采用南北行向，双行带状栽植，株距 0.5 米，小行距 1.0 米，大行距 2.5 米。根据棚室的高度，当植株直立生长到 1.5~1.8 米左右时，向两侧水平生长，棚架结果。

三、栽植

1. 栽植前准备

（1）苗木准备 设施葡萄栽植密度大，如果苗木长势不协调，往往会造成弱苗被生长速度快的壮苗遮盖，温室内架面也参差不齐，产量不一，这给生产管理带来一定的困难，因此，定植前必须把好选苗这一关。

（2）土壤准备 棚室建好后，栽植前，首先要每亩施入 4000～5000 千克充分腐熟的有机肥，深翻后，平整土地。

由于温室栽培是在人为环境中栽培，因此对不良土壤必须进行改良。如利用山坡或梯田搞温室栽培，土层厚度要在 100 厘米以上，沙砾土应过筛，拣出大的石砾。此外，大部分山地沙砾土，有机质含量少，保水、保肥性差，所以要掺入含有机质高的壤土及有机肥加以改良后再利用。对于低洼盐碱地，通过提高地面或挖深沟排水，或设暗管排碱等方法把地下水位降至 1 米以下再利用。对于较黏重土壤，由于通透性不良，土壤易板结，进行设施葡萄栽培，葡萄难以生长，再加上在封闭条件下种植葡萄，灌水易造成温室内湿度过饱和，不利于葡萄的生长发育，因此必须大量掺入沙壤土及有机肥，改良土壤后再加以利用。

2. 栽植时期

（1）一年一栽制 对于新建的温室一般在 4 月中旬到 5 月上旬进行葡萄栽植；对于已经生产的棚室，应在 5 月下旬至 6 月中旬浆果全部采收后，立即拔除所有葡萄植株进行清园，然后将 4 月上旬到 5 月上旬预先栽植在大型营养袋中、生长良好的苗木移栽到棚室内进行定植，最迟不得晚于 6 月底。

（2）多年一栽制 多年一栽制的葡萄栽植时期可以分为秋栽与春栽。秋栽时间不宜过早，天津地区一般在 11 月上旬至中旬。春季栽植，在我国北方各省市，一般在 4 月上旬至 5 月上旬进行，如天津地区一般在 4 月上中旬。

对于已经覆膜的温室不适合秋栽。因为此时外界温度逐渐寒冷，而温室内温度仍较高，苗木不易打破休眠。同时栽苗时根系受损，而新根还未形成，不能正常吸水、吸肥，再加上地上部不断蒸发失水将导致苗木死亡。

3. 栽植技术

温室葡萄的栽植技术与露地栽植基本相同，可以参照露地栽植进行。但是对于一年一栽制来说，要待 5 月中下旬至 6 月中旬葡萄全部采收后，才能清园整地，移栽葡萄苗。因此必须将苗木提前定植在直径 25 厘米左右、高 30 厘米左右的大型营养袋或塑料袋、编织袋中，加强管理，然后移栽。移栽前喷 800 倍液的多菌灵对土壤消毒，每亩施有机肥 4000～5000 千克，将苗木连同营养袋一起栽于穴内，四周覆松土，用双手轻提营养袋上沿，使其脱离营养土团，再将覆土踏实，然后灌水（见图 5-3 和图 5-4 所示）。

四、整形修剪技术

葡萄温室栽培与露地栽培相比，光照、气温、湿度等环境都有所改变，再加上生长空间的限制，整形显得尤为重要。温室葡萄生产中，栽植方式、架式、树形和修剪方式常配套形成一定组合。目前常见的组合有三种：双篱架单蔓整形长梢修剪、棚架单蔓整形长梢修剪和单臂双层水平形结合整枝更新。具体整形方式如下：

1. 双篱架单蔓整形长梢修剪

苗木定植后，当新梢长到 20 厘米左右时，每株葡萄留一个新梢培养主蔓，即单蔓整形。落叶后剪留 1.5 米左右，进入休眠期管理。加温萌芽后，每蔓留 5～6 个结果新梢结果，距地面 30～50 厘米处留一个预备梢，上部果实采收后缩剪到预备枝处。没留出预备枝的也可以在果实采收后，及时将主蔓回缩到距地面 30～50 厘米处，促使潜伏芽萌发培养新主蔓（结果母枝）。主蔓回缩时间最迟不能晚于 6 月上旬，以免萌发过晚，新梢花芽分化不良。新梢生长到 8 月中上旬摘心，促进枝蔓成熟，落叶后剪留 1.5 米。即距地面 30～50 厘米处的主蔓保持多年生不动，而上部每年更新一次（图 5-5）。

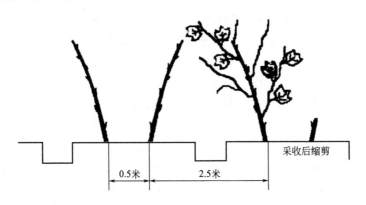

图 5-5　双篱架单蔓整形长梢修剪

2. 棚架单蔓整形长梢修剪

每株葡萄培养一个单蔓，当两行葡萄的主蔓生长到 1.5～1.8 米时，引导其分别水平向两侧生长，大行距间的主蔓相接成棚架。升温萌芽后，在水平架面的主蔓上每隔 20 厘米左右留一个结果枝结果，将结果新梢均匀布满架面。同时在主蔓篱架部分与棚架部分的转折处，选留一个预备枝。待前面结果枝采收后；回缩到预备枝处，用预备枝培养新的延长蔓（结果母枝）。篱架部分不留结果枝，保持良好的通风透光条件。即篱架部分保持多年生不动，而棚架部分每年更新一次（图5-6）。这种整形方式具有棚架部分结果新梢生长势缓和、光照条件好的优点。

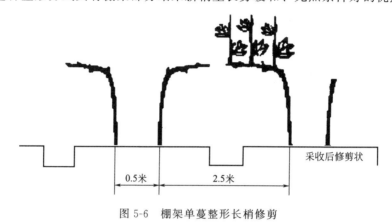

0.5米   2.5米   采收后修剪状

图 5-6　棚架单蔓整形长梢修剪

3. 单臂双层水平形结合整枝更新技术（FI 树形）

这是秦国新等人于 2001 年提出的一种整形修剪技术，冬季修剪后的树体结构呈"F"形，由一个直立的主蔓和两个水平的结果母枝组成。第一层结果母枝距地面 30～40 厘米，第二层距第一层 60～70 厘米。两个结果母枝的长度由栽植株距决定，均向北延伸（图 5-7）。

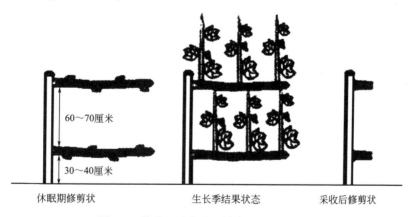

60～70厘米

30～40厘米

休眠期修剪状　　　生长季结果状态　　　采收后修剪状

图 5-7　单臂双层水平形结合整枝更新技术

生长季结果母枝上的结果枝垂直向上引缚，形成直立的叶幕结构，根据棚室高度，树高控制在 1.8 米左右。果实采收后，在靠近主轴处选一个结果枝，留 1 个饱满芽重短截，促发新梢，培养新的结果母枝。其余结果枝连同母枝一并疏除。或在主蔓上靠近结果母枝处留预备枝，通过摘心、重短截等措施控制旺长。采收后将结果母枝疏除，预备枝重短截，促发新梢培养结果母枝。

FI树形有两种培养方法。一是当年定植后留一个新梢，当新梢生长达到50～60厘米时，将其水平引缚到第一道铁丝上，培养第一层结果母枝。当水平枝长到60～70厘米时摘心，促进枝梢成熟和花芽分化。培养第一层结果母枝的同时，在靠近折弯处选一副梢直立引缚，生长到第二层铁丝处拉平，培养第二层结果母枝。二是定植后留一个新梢，当其长到30～40厘米时摘心，促发新梢。选择两个生长健壮的副梢，一个水平引缚在第一道铁丝上，培养第一层结果母枝；一个直立生长至第二道铁丝处拉平培养第二层结果母枝。

第二节　周年管理技术

【知识链接】

葡萄对环境条件的要求

（1）温度　温度是葡萄最主要的生存条件之一。葡萄对低温的反应因种类和品种而异。在冬季休眠期间，欧亚种群品种的充实芽眼可忍受短时间-20～$-18℃$的低温，充分成熟的一年生枝可忍受短时间的$-22℃$的低温，多年生蔓在$-20℃$左右即受冻害。葡萄的根系更不耐低温，欧亚种群的龙眼、玫瑰香等品种的根系在$-4℃$时即受冻害，在$-6℃$时经两天左右即可冻死。欧美杂交种的一些品种如白香蕉、玫瑰露等的根系在-7～$-6℃$时受冻害，在-10～$-9℃$时可冻死。因此，在北方栽培葡萄时，要特别注意对枝蔓和根系的越冬保护工作。尽管有的地方冬季绝对低温并不低于$-18℃$，但实践证明"埋土植株果枝多"，应把埋土越冬作为丰产措施之一。

春天，当地温上升到7℃以上时，大多数欧亚种群的葡萄品种树液开始流动，并进入伤流期。当日均温度达到10℃及以上时，欧亚种群的品种开始萌芽，因此把平均10℃称为葡萄的生物学有效温度起点。美洲种葡萄萌芽所需的温度略低些。葡萄的芽眼一旦萌动后，耐寒力即急剧下降，刚萌动的芽可忍受-4～$-3℃$的低温，嫩梢和幼叶在$-1℃$时即受冻害，而花序在0℃时受冻害。因此北方地区防晚霜危害也是栽培中的重要措施之一。

春季随着气温的逐渐提高，葡萄新梢迅速生长。当温度达到28～32℃时，最适宜新梢的生长和花芽的形成，这时新梢昼夜生长量可达6～10厘米。气温达20℃左右时，欧亚种群葡萄即进入开花期。开花期间天气正常时，花期约持续5～8天，如遇到低温、阴雨、吹风等，气温低于14℃时不利于开花授粉，花期延长几天。葡萄果实成熟期间需要28～32℃的较高温度，适当干燥。阳光充足和昼夜温差大的综合环境条件下，浆果成熟快，着色好，糖分积累多，品质可大为提高。相反，低温多湿和阴雨天多，使葡萄成熟期延迟，品质变差。

葡萄栽培中，常用有效积温作为引种和不同用途栽培的重要参考依据。如某地某品种是否有经济栽培价值，与该地日均温度等于或大于10℃以上的温度累积值有关。一般认为：极早熟品种需要积温2200～2500℃；早熟品种2500～2800℃；中熟品种2900～3100℃；晚熟品种3100～3400℃；极晚熟品种在3400℃以上。鲜食酿酒品种要求有效积温在3000℃上下，熟期早的品种可低些，熟期晚的可高些；而制干品种要求的有效积温比鲜食和酿酒品种都要高。

（2）光照　葡萄是喜光植物，对光照非常敏感。光照不足时，节间变得纤细而长，花序梗细弱，花蕾黄而小，花器分化不良，落花落果严重，冬芽分化不好，不能形成花芽。同时叶片薄、黄化，甚至早期脱落，枝梢不能充分成熟，养分积累少，植株容易遭受冻害或形成许多"瞎眼"，甚至全树死亡。所以，建园时应选择在光照良好的地方并注意改善架面的通风透光条件，正确决定株行距、架向，采用正确的整枝修剪技术等。

（3）水分　土壤和空气湿度过低过高都对葡萄生长发育不利。土壤干旱，会引起大量落花落果及果粒小、果皮厚韧、含糖量低、含酸量高、着色不良等恶果，严重干旱时甚至使植株凋萎而死亡。浆果成熟期久旱骤雨，常使某些品种发生裂果。

相反，土壤长期积水会使葡萄窒息死亡，所以在雨季低洼地要注意排水。空气湿度过大，不利于授粉坐果，更为真菌病害的侵染创造条件。浆果成熟期如果土壤水分过大，会降低浆果的品质和耐运输能力。

（4）土壤　葡萄对土壤的适应性很强，除了极黏重的土壤、重盐碱土不适宜生长发育外，其余如沙土、沙壤土、壤土和轻黏土，甚至含有大量砂砾的壤土或半风化的成土母质上都可以栽培。但因葡萄根系需要较好的土壤通气条件，从优质葡萄产区来看，葡萄最喜土质肥沃疏松的壤土或砾质壤土。对沙土、黏土和盐碱地，需通过土壤改良，改善物理化学性状，并选用适当的品种，也可以建立葡萄园。

葡萄比苹果、梨、桃、杏等耐盐碱，可在pH 5～8的土壤生长，在pH 6～7的土壤中生长最好，在pH 8.5以上的土壤中易发生黄化病。土壤总盐量达0.4%，氯化物含量达0.2%，是葡萄生长的临界浓度，应进行洗盐排碱。

葡萄温室栽培由于生长期延长，温室内的温度高、湿度大，所以与露地相比，温室葡萄的年生长量明显加大，一般新梢年生长量可达2米甚至更长。葡萄喜光，但因为棚膜的覆盖，使温室内的光照强度明显低于露地条件，光照较弱，导致叶片变薄，颜色变浅，节间细长，下部容易出现光秃。因此，设施栽培葡萄在选好温室类型的基础上，必须加强全年的栽培管理，保证新梢生长中庸健壮、树体负载合理，从而达到优质、高效的目的。

一、休眠期管理

1. 休眠期的环境调控

休眠期温度控制在 0~5℃之间，一般需要 1000~1200 小时才能顺利通过自然休眠。休眠期温室葡萄不用下架埋土，为防止枝条过度失水影响正常生长发育，空气相对湿度应维持在 90% 左右，以保证枝条、芽眼不被抽干（见图 5-8）。在揭帘升温之前浇一次水，以保证土壤和空气湿度。同时应注意预防灰霉病的发生，可通过喷施杀菌剂或用烟雾剂来防治。此期葡萄对于光照、二氧化碳等其他生态环境因子则要求不高。

2. 休眠期修剪

（1）修剪时期　温室葡萄休眠期修剪一般在落叶后到温室升温前进行。东北地区进行促成栽培的葡萄可在落叶后进行修剪，一般为 10 月下旬至 11 月中旬。西北和华北地区一般 11 月中旬至 12 月上旬修剪。早期加温温室的葡萄由于休眠期修剪后即开始升温，不需要埋土防寒。而 2 月开始升温的日光温室，一般需要进行埋土防寒，以保护根系和防止枝芽抽干。

（2）修剪方法　温室葡萄的休眠期修剪在不同的栽植制度和架式下有不同的修剪特点。对于日光温室一年一栽制来说，由于不需要考虑栽植后一年的花芽分化、枝条成熟度的问题，修剪的根本目的就是确保栽培当年的优质和高产，因此应根据栽植密度、植株的生长势，在适宜负载量和保证品质的前提下，尽量多留果。具体方法是：对于生长健壮的葡萄植株，在落叶后将充分成熟的主蔓剪留 1.5 米左右，将上面着生的副梢从基部疏除。对于生长势较弱的植株，可以在成熟与不成熟交界处进行剪截。

多年一栽制葡萄修剪时应根据不同品种、不同树势、架式来确定适宜的修剪量。对结果母枝的休眠期修剪有短梢修剪（留 2~4 芽）、中梢修剪（留 5~7 芽）和长梢修剪（留 8 芽以上）。一般强旺枝可采用长梢修剪，以缓和生长势；中庸枝可采用中梢修剪；弱枝可进行短梢修剪；对于细弱、有病虫害或不成熟的枝蔓一律疏除。对于无核白、康可等新梢基部 1~2 节花芽分化率低、花芽分化质量差的品种，一般进行中梢修剪，对于巨峰、京亚等新梢基部花芽分化率高的品种，可进行短梢修剪。中、长梢修剪时，采用双枝更新的修剪方法，短梢修剪时，采用单枝更新的修剪方法，即短梢结果母枝上发出 2~3 个新梢，在休眠期修剪时回缩到最下位的一个枝，并剪留 2~3 个芽作为下一年的结果母枝（见图 5-9）。

3. 灌溉

每年修剪完后、扣棚以前，要灌 1 次透水。灌溉时间以霜降前后为宜。灌溉之后稍晾几天就要准备盖棚上膜了。促早栽培在温室内一般不埋土防寒。

4.扣棚与升温

•**【知识链接】**•

果树的需冷量

落叶果树自然休眠需要在一定的低温条件下经过一段时间才能通过。生产上通常把打破落叶果树冬季自然休眠所需要的低温累积量，称为"果树需冷量"。一般用果树经历 0～7.2℃低温的累积时数来计算。葡萄的自然休眠期较长，欧美杂交种完全通过自然休眠一般需要1200～1500 小时的需冷量，欧亚种更长。如果在休眠期葡萄的需冷量不足，没有通过自然休眠，即使给予适宜生长发育的环境条件，葡萄也不能萌芽开花；有时即使萌芽，但往往存在萌芽不整齐、枝条生长比较弱、花序畸形、坐果率低、产量下降的现象（见图 5-10）。因此，要减少和克服休眠不充分造成的危害，必须要保证葡萄度过休眠所需要的需冷量。

(1) 扣棚升温 扣棚即扣塑料薄膜、盖草苫。葡萄冬芽一般于8月开始进入休眠，9月下旬到 10月下旬休眠最深。为满足葡萄对需冷量的要求，尽快解除休眠，从而正常萌芽生长，确定适宜的扣棚和升温时间至关重要。扣棚和升温时期根据地区、品种和生产目的有所不同。由于不同品种的葡萄通过自然休眠需要的需冷量不同，因此决定了不同品种在温室栽培时扣棚的时间也不同。据报道，金星无核、紫珍香需冷量为 604 小时，巨峰、京亚为 846 小时，森田尼无核为 1086 小时，无核早红为 1622 小时。需冷量是扣棚时间的首要依据，只有当葡萄满足其需冷量，通过自然休眠后扣棚，才有可能使葡萄在设施条件下正常生长发育。

为使设施栽培的葡萄迅速通过自然休眠，对于促成栽培类型，生产实践中一般采用"人工低温暗光促眠技术"来促进葡萄休眠，满足其需冷量要求后，提早升温，果实提早上市。方法是：在早霜到来前 10 天左右将温室的前屋面覆盖塑料薄膜，然后在薄膜上面再覆盖草苫，使棚室内白天不见光，降低棚内温度，并于夜间打开通风口和前底脚覆盖物，尽可能创造 0～7.2℃的低温环境，尽早满足休眠的需冷量要求。在辽宁省熊岳地区，一般在 10 月下旬至 11 月上旬扣棚。越往北，落叶的时间越早，解除休眠的时间越早，可以覆膜的时间也越早。当外界日平均气温稳定在−7～−5.1℃时开始揭帘升温，辽宁省熊岳地区一般在 12 月下旬至 1 月上旬。塑料大棚的升温时间因各地气候条件而异，在辽宁南部地区一般是在外界日平均气温为 5℃时，即 2 月下旬至 3 月中旬，葡萄扣棚、出土、升温。不同地区、不同设施的升温时间可参考表 5-1。

表 5-1　不同地区、不同设施的升温时期

地区	设施类型	升温时期
东北	加温温室	11月底至第二年2月
	日光温室	1月上旬至第二年3月上旬
华北、西北	日光温室	12月中旬至第二年2月

（2）打破休眠　扣棚后，如果使葡萄长期处在一个低温黑暗的环境中，会对其生长发育产生一定的负面效应，因此如何在葡萄自然休眠未结束前，通过人工的方法来打破葡萄休眠，使葡萄提前萌芽开花成为人们最为关心的问题。目前生产上应用比较成功的是用石灰氮和单氰胺打破葡萄休眠。

① 石灰氮（$CaCN_2$）　学名为氰氮化钙。由于含有很多的石灰，又叫石灰氮。石灰氮是黑色粉末，带有大蒜的气味，质地细而轻，吸湿性很大，易吸潮发生水解作用，并且体积增大。石灰氮含氮20%～22%，在农业上可用作碱性肥料，可以当基肥使用，也可以用作食用菌栽培基质的化学添加剂，补充氮源和钙素。

通常在自然休眠结束前15～20天左右使用石灰氮。如我国南方设施葡萄产区，一般在12月中旬处理效果最好，而1月处理的效果较差。葡萄经石灰氮处理后，可比未处理的提前15～20天发芽，提早开花15天左右，提早成熟10天左右。石灰氮处理前应完成休眠期修剪，且剪口应呈干燥状态，同时土壤应灌一次水，以增加湿度。

石灰氮的使用浓度以20%为好，超过20%时易发生药害。使用方法有两种：一是调成糊状进行涂芽，即1千克石灰氮放入塑料桶或盆中，加入40～50℃的温热水5升不停地搅拌，大约经1～2小时，使其均匀成糊状，防止结块；二是经过清水浸泡后取高浓度的上清液进行喷施，即称取1千克石灰氮，加入5升的温水，不断搅拌，勿使其凝结，沉淀2～3小时后，用纱布过滤出上清液应用即可。施用时可用旧毛笔涂抹葡萄的冬芽，涂抹时注意一年一栽制和一年一更新制的结果母枝，距地面30厘米以内的芽和顶端最上部的两个芽不能涂抹，其间的芽也要隔一个涂抹一个，以免造成过多的芽萌发消耗营养和顶部两个芽萌发后生长过旺（见图5-11和图5-12）。涂抹后可以将葡萄枝蔓顺行放到地面，盖塑料薄膜保湿，然后逐渐升温。切忌急速高温催芽，以免新梢徒长、花序变小、落花和落果严重。

提示板

石灰氮有毒，使用时应小心，避免药液同皮肤直接接触，由于其具有较强的醇溶性，注意在使用前后1天内不能饮酒。

② 单氰胺（CN_2H_2）　一般认为单氰胺对葡萄的破眠效果比石灰氮更好。单氰

胺的使用时期一般应在葡萄需冷量得到部分满足（2/3 的需冷量得到满足）之后。单氰胺打破葡萄休眠的有效浓度因处理时期和品种而异，一般情况下是 2.0％～5.0％。如孙培琪等利用单氰胺打破日光温室玫瑰香葡萄休眠时发现，2.5％单氰胺打破玫瑰香葡萄休眠效果最好，可以使其提早萌芽 15 天，果实成熟期提前 19 天，休眠解除时间提前 6 天。配制单氰胺时需要加入非离子型表面活性剂（一般按 0.2％～0.4％的比例）。一般情况下，单氰胺不与其他农用药剂混用。为降低使用危险性，且提高使用效果，单氰胺处理一般应选择晴天进行，气温以 10～20℃之间最佳，气温低于 6℃时应取消处理。

提示板

单氰胺破眠剂使用方法及注意事项：

① 本品对眼睛和皮肤有刺激作用，直接接触后，会引起过敏，表层细胞层脱去（脱皮）。误饮，会损伤呼吸系统。如发生上述症状，请立即到医院就诊。

② 使用时必须穿防护衣和防护眼罩，注意不要使皮肤直接接触。

③ 使用时不能吃东西、喝饮料和吸烟。操作前后 24 小时内严禁饮酒或食用含酒精的食品。

④ 操作后用清水洗眼、漱口，并用肥皂仔细清洗脸、手等易暴露部位，清洗防护用品。

⑤ 本产品能使绿叶枯萎，使用时避免喷洒到相邻正在生长的作物上。

⑥ 在有晚霜的地区，使用时避免作物过早发芽而受到晚霜危害。

⑦ 不得与其他叶肥、农药混用。

⑧ 本品要求存储在 20℃之下，不得与酸碱混储。防止阳光直射。

5. 病虫害防治

重点是预防霜霉病、褐斑病，保护好叶片。在芽已膨大但尚未萌发时，使用 3～5 波美度石硫合剂喷洒全株枝蔓（见图 5-13），铲除越冬病菌和害虫。

【知识链接】

石硫合剂配制及使用

（1）选料　石硫合剂原液质量的好坏，取决于所用原料生石灰和硫磺粉的质量。应选质轻、白色、块状生石灰（含杂质多、已风化的消石灰不能用），硫磺粉越细越好；熬制最好用铁锅，不能用铜、铝器皿；不能用含铁锈的水来溶解或配制。

（2）熟制方法　比例为生石灰∶硫磺粉∶水＝1∶2∶10，先把足量水放入铁锅中加热，放入生石灰化开，煮沸，然后把事先用少量水调成浆糊状的硫磺粉慢慢倒入石灰乳中，同时迅速搅拌，记下水位线。大火煮沸45~60分钟，不断搅拌，在此期间，应随时用开水补足因加热煮沸而蒸发的水量。等药液变成红褐色，锅底的渣滓变成黄绿色时即停火冷却。冷却后用棕片或纱布滤去渣滓，就得到红褐色透明的石硫合剂原液。为了避免在熟制过程不断加水的麻烦，可按生石灰∶硫磺粉∶水＝1∶2∶15或1∶2∶13的比例进行熟制。

（3）使用方法　使用浓度要根据植物种类、病虫害对象、气候条件、使用时期不同而定，浓度过大或温度过高易产生药害。

① 稀释　根据所需使用的浓度，计算出加水量加水稀释。每千克石硫合剂原液稀释到目的浓度需加水量的公式：加水量（千克）＝原液浓度÷目的浓度－1。多数情况下为喷雾使用。

② 其他使用方法：除喷雾使用法外，石硫合剂也可用于树木枝干涂干、伤口处理或作为涂白剂，上述用途的施用浓度一般是把原液稀释2~3倍。如在树木修剪后（休眠期），枝干涂刷稀释3倍的石硫合剂原液可有效防治多种介壳虫的危害；用石硫合剂原液涂刷消毒刮治的伤口，可防止有害病菌的侵染，减少腐烂病、溃疡病的发生；熟制石硫合剂剩余的残渣可以配制为保护树干的白涂剂，能防止日灼和冻害，兼有杀菌、治虫等作用，配置比例为：生石灰∶石硫合剂（残渣）∶水＝5∶0.5∶20，或生石灰∶石硫合剂（残渣）∶食盐∶动物油∶水＝5∶0.5∶0.5∶1∶20。

（4）注意事项

① 熟制时用铁锅或陶器，不能用铜锅或铝锅；火力要均匀，使药液保持沸腾而不外溢。石硫合剂易与空气和水反应而失效，最好随配随用，短期暂时存放必须用小口陶器容器或塑料桶进行密封贮存。不能用铜、铝器具盛装，如果在液面滴加少许煤油，使之与空气隔绝，可延长贮藏期。药液表面结硬壳，底部有沉淀，说明贮藏不当。

② 石硫合剂呈强碱性，不可与有机磷、波尔多液及其他忌碱农药混用，使用两类农药相隔时间要在10~15天以上，否则，酸碱中和，会使药效大大降低或失效。

③ 有的树木对硫磺及硫化物比较敏感，盲目使用易产生药害，如桃、李、梅、梨等果树生长期都不宜使用。

④ 使用浓度要根据气候条件及防治对象来确定，并要根据天气情况灵活掌握使用。阳光强烈、温度高、天气严重干旱时使用浓度要低，气温高于32℃或低于4℃时，不得在果树上喷施。在喷洒石硫合剂后，出现高温干旱天气，应浇灌一次水，以避免药害，防止出现黄叶、落叶、烧叶现象。

⑤ 因该品对人的眼睛、鼻黏膜、皮肤有刺激和腐蚀性，因此，果农朋友在熟制和施用时注意，勿使皮肤或衣服沾染原液，喷雾器用完后都要及时用水清洗。

二、催芽期管理

1. 环境调控

揭帘升温的第一周要实行低温管理，白天温度由 10℃ 逐渐升至 20℃，夜间由 5℃ 升至 10℃（此后逐渐升高温室温度直至芽萌动为止）。第二周白天温度保持在 20～25℃，夜间保持在 10～15℃。第三周以后，白天保持在 25～28℃，夜间保持在 15～20℃。如催芽期温度急剧上升，会导致萌芽初期生长不整齐。

升温催芽后，灌一次透水，结合灌水还可追 1 次速效肥，使萌芽整齐、苗壮。增加土壤和空气湿度，使相对湿度保持在 80%～90%，以保证萌芽整齐。温室采光条件好时，能有效地积蓄热量，全面提高温度促进萌芽，因此要保持棚膜干净，并铺地膜提高地温。由于这时葡萄尚未萌芽，因此对二氧化碳要求不严格。

2. 其他管理

此时营养条件好，花序原始体可继续分化第二、第三花轴和花蕾。如果营养条件不良（包括外界中的低温和干旱），花序原始体只能发育成带有卷须的小花序，甚至会使已形成的花序原始体萎缩消失，严重影响到当年葡萄产量和质量。

（1）施催芽肥 在萌芽前芽膨大期施肥，此时葡萄花芽尚在继续分化，及时补充养分，可以促进葡萄的花芽进一步分化，并为萌芽、展叶、抽枝等生长活动提供营养，追肥以氮肥为主，用量为全年追肥量的 10%～15%。

巨峰系列进入结果期后的第 1～5 年，地力条件好，不需施肥，否则增加落花落果。定植后的第一年和结果期在 6 年以上的树龄，80% 以上结果母枝直径在 0.6～0.8 厘米，落叶时间早，枝条灰白色或灰褐色，地力下降，需要补充肥料。通常每亩施人畜粪 2.0 吨加尿素 5～10 千克加硼砂 2 千克，或 45% 硫酸钾复合肥 20～25 千克加硼砂 2 千克。红地球、秋红、无核白鸡心、夕阳红、金星无核、藤稔等坐果率高的品种，必须每年追肥，对提高产量、品质效果较好。适量补充肥料，有利于枝蔓的健壮生长。施肥过多，则会因花序枝蔓生长过旺，易导致花前落蕾、受精不良，加重落花、落果和增加不受精的小粒果，严重影响产量和品质。

（2）水分管理 萌芽前后土壤中如有充分的水分，可使萌芽整齐一致。此期灌水更为重要，使土壤湿度保持在田间持水量的 65%～75%。此次灌水需根据具体情况而定。一般土壤不干旱可不灌水，以免灌水后降低土温，影响根系生长。适宜的灌水量应在一次灌溉中使葡萄根群分布在最多的土层，达到田间持水量 60% 以上。葡萄根群分布的深浅与土壤性质和栽培技术密切相关；也与树龄相关。通常挖深沟栽植的成龄葡萄根系集中分布在离地表的 20～60 厘米，所以灌水应浸湿 0.6～0.8 米以上的土壤。

三、萌芽、新梢生长期管理

1. 环境调控

　　随着芽的萌发和新梢生长，花序进一步分化，为保证花芽分化的正常进行，控制新梢徒长，白天温度控制在 25～28℃，萌芽后最低温度维持在 10℃，空气相对湿度逐步降低至 60%，以防止湿度过大引起病虫害。如果温度、湿度过高，会促使新梢徒长，影响花序各器官的分化质量，进而影响果实发育。展叶后叶片逐步开始进行光合作用，因此，此期间对光照和二氧化碳的要求逐步提高。

2. 树体管理

鳞片上着生茸毛。冬芽具有晚熟性，一般都经过越冬后，翌年春萌发生长，习惯称越冬芽或简称冬芽（图 5-14）。从冬芽的解剖结构看，良好的冬芽，内包含 3～8 个新梢原始芽，位于中心的一个最发达，称为"主芽"，其余四周的称副芽（预备芽）。在一般情况下，只有主芽萌发，当主芽受伤或者在修剪的刺激下，副芽也能萌发副梢，有的在一个冬芽内 2 个或 3 个副芽同时萌发，形成"双生枝"或"三生枝"（图 5-15 和图 5-16）。在生产上为调节贮藏养分，应及时将副芽萌发的枝抹掉，保证主芽生长。冬芽在越冬后，不一定每个芽都能在第二年萌发，其中不萌发者则呈休眠状态，尤其是一些枝蔓基部的芽常不萌发，随着枝蔓逐年增粗，潜伏于表皮组织之间，成为潜伏芽，又称"隐芽"。当枝蔓受伤，或内部营养物质突然增长时，潜伏芽便能随之萌发，成为新梢（图 5-17）。由于主干或主蔓上的潜伏芽抽生成新梢，往往带有徒长性，在生产上可以用作更新树冠。葡萄隐芽的寿命很长，因此葡萄恢复再生能力也很强。

② 夏芽　夏芽着生在新梢叶腋内冬芽的旁边，是无鳞片的"裸芽"（图 5-18），不能越冬。夏芽具早熟性，不需休眠，在当年夏季自然萌发成新梢，通称副梢（图 5-19）。有些品种如玫瑰香、巨峰、白香蕉等的夏芽副梢结实力较强，在气候适宜、生长期较长的地区，还可以作为二次或三次结果，借以补充一次果的不足和延长葡萄的供应期。

夏芽抽生的副梢同主梢一样，每节都能形成冬芽和夏芽，副梢上的夏芽也同样能萌发成二次副梢，二次副梢上又能抽生三次副梢。这就是葡萄枝梢具有一年多次生长多次结果的原因。

（2）枝蔓的类型与特点　植株从地面长出的枝叫主干，主干上的分枝叫主蔓。如果植株没有主干，从地面即长出几个枝，习惯上只称主蔓，属无主干整形类型。从生长年限上也分为一年生、二年生和多年生枝蔓。栽培上应着重区分以下几种枝蔓：

① 主梢。葡萄的新梢泛指当年长出的带叶枝条，其中由冬芽长出的新梢称主梢。卷须是攀缘植物的一种细长无叶的缠绕器官。

② 副梢。由夏芽萌发而成，比主梢更细弱，节间短。副梢摘心可使二次或三次副梢生长。葡萄嫩梢的色泽和茸毛是鉴定品种的主要性状之一。

③ 一年生枝。新梢成熟落叶后称一年生枝。成熟的一年生枝呈褐色，有棱带条纹，横截面扁圆或圆形，弯曲时表皮呈条状剥落，这些性状也是鉴别品种的主要依据。有花芽能生长结果枝的一年生枝称为结果母枝，是植株生长结果的主要基础。

此外，葡萄有徒长枝、萌蘖枝之别。前者多由潜伏芽长出，而后者指植株基部及根际处生长的枝条。这些枝条能更新衰老的枝蔓和树冠，但一般对结果不利。

(1) 抹芽与定梢 在芽已萌动但尚未展叶时，对萌芽进行选择去留即为抹芽。当新梢长到15～20厘米时，已能辨别出有无花序时，对新梢进行选择去留称为定梢。

抹芽和定梢是进一步调整冬季修剪量于一个合理的水平上，也是决定果实品质和产量的一项重要作业。因为通常葡萄休眠期修剪量都很大，容易刺激枝蔓上的芽眼萌发，从而产生较多的新梢，新梢过密使树体通风透光性较差，同时分散树体营养，影响新梢生长，从而造成坐果率低下和降低果实品质。通过抹芽和定梢可以调节树体内的营养状况和新梢生长方向，使营养更加集中，以促进新梢的生长和花序发育。对巨峰葡萄抹芽的试验表明，当早春抹芽程度为50％时，后期新梢的生长长度为80厘米以上，而未经抹芽处理，新梢生长长度约为50厘米，说明通过萌芽期的抹芽可以显著促进新梢生长。另外，通过抹芽和定梢减少了不必要的枝梢，使架面上的新梢分布合理，改善树体通风透光条件，从而提高坐果率和果实品质。

① 抹芽 一般分两次进行。第一次抹芽在萌芽初期进行（见图5-20），此次抹芽主要将主干、主蔓基部的萌芽和已经决定不留梢部位的芽以及双生芽（图5-21～图5-23）、三生芽（图5-24～图5-26）中的副芽抹去。注意要留健壮大芽，并且遵循"稀处多留、密处少留、弱芽不留"的原则。第二次抹芽在第一次抹芽后10天左右进行。此时基本能清楚地看出萌芽的整齐度。对萌芽较晚的弱芽、无生长空间的夹枝芽、靠近母枝基部的瘦弱芽、部位不当的不定芽等根据空间的大小和需枝的情况进行抹除。抹芽后要保证树体的通风透光性。

② 定梢 可以决定植株的枝梢布局、果枝比和产量，使架面上达到合理的留枝密度。定梢一般在展叶后20天左右开始。此时新梢长至10～20厘米，可选留带有花序的粗壮新梢，除去过密枝和弱枝，同时注意留下的新梢生长要基本整齐一致（图5-27～图5-29）。

留枝多少除了考虑修剪因素外，一般应根据新梢在架面上的密度来确定留枝量。定梢量一般是母蔓上每隔10～15厘米留一新梢，棚架每平方米架面留10～15个新梢，篱架架面（V、Y形）每平方米留10～12个新梢。整体结果枝与发育枝的比例为1:2。坐果率高、果穗大的品种，一般每亩留4000～5000条新梢。巨峰品种因落花、落果严重，稳定树势尤为重要。一般花前每亩保留约8000条新梢，待坐稳果后结合疏果，每亩留6000条左右的新梢。对于篱架，枝条平行引缚时，则单臂架上的枝距为6～10厘米，双篱架上的枝距为10～15厘米。而新梢下垂管理方式，其留枝密度尚可适当加大。

在规定留梢量的前提下，按照"五留"和"五不留"进行留与合的选择，即"留早不留晚"（指留下早萌发的壮芽），"留肥不留瘦"（指留下胖芽和粗壮新梢），"留花不留空"（指留下有花序的新梢），"留下不留上"（指留下靠近母枝基部新梢），"留顺不留夹"（指留下有生长空间的新梢）。

设施内温度高、湿度大，通风差，光照不足，易造成枝梢徒长，当能够确认有无果穗时，即可进行疏梢。篱架管理的葡萄，距地面50厘米以内不留新梢，应及时抹除。主蔓上每20厘米左右留1个结果新梢，一个主蔓留5～6个结果新梢，即每株树留5～6个结果新梢，树势强健的可适当多留结果新梢，以缓和生长势。棚架管理的葡萄，水平架面主蔓上每20～25厘米留1个结果新梢，即每平方米架面留8～10个结果新梢。弱树早抹芽早定枝，强树适当晚抹芽晚定枝，通过疏梢定枝调整树势，在开花前将新梢长度控制在40～50厘米为宜。

（2）引缚和除卷须 篱架管理的葡萄，当新梢长至30～40厘米时，及时将新梢均匀地向上引缚在架面上，避免新梢交叉，双篱架叶幕呈"V"形，保证通风透光，立体结果。棚架管理的葡萄将一部分新梢引向有空间的部位，一部分新梢直立生长，保证结果新梢均匀布满架面（见图5-30和图5-31）。新梢上发生的卷须要及时摘除，便于管理和节省营养。

（3）摘心 葡萄结果枝在开花前后生长迅速，势必消耗大量营养，影响花器的进一步分化和花蕾的生长，加剧落花落果。通过摘心暂时抑制顶端生长而促进养分较多地进入花序，从而促进花序发育，提高坐果率。

营养枝和主、侧枝延长枝的摘心，主要是控制生长长度，促进花芽分化，增加枝蔓粗度，加速木质化。

① 结果枝摘心　有花序的新梢称为结果枝（图5-32）。根据摘心的作用和目的，结果枝摘心最适宜的时间是开花前3～5天或初花期。摘去小于正常叶片1/3大的幼叶嫩梢（图5-33～图5-35）。也可以进行二次摘心，第一次于花前10多天在花序前留2片叶摘心，对促进花序发育、花器官进一步完善和充实，具有明显作用；第二次于初花期对前端副梢进行控制，留1叶或抹除，使营养生长暂时停顿，把养分集中供给花序坐果，对提高坐果率具有明显效果。

在花前摘心时，一般巨峰葡萄结果新梢摘心操作标准如下：强壮新梢在第一花序以上留5片叶摘心，中庸新梢在4片叶摘心，细弱新梢疏除花序以后，暂时不摘心，以后按营养枝的标准摘心。但是，并不是所有品种葡萄结果新梢都需在开花前摘心，凡坐果率很高的品种，如黑汗、康太等，花前可以不摘心；凡坐果率尚好、通常果穗紧凑的品种，如藤稔、金星无核、红地球、秋虹、无核白鸡心等，花前也可不摘心或轻摘心。

② 营养枝摘心　没有花序的新梢称为营养枝（图5-36）。在不同的地区气候条件各异，其摘心标准不同。生长势期少于150天的地区，8～10片叶时即可摘去嫩尖1～2片小叶。生长期150～180天的地区，15片叶左右时摘去嫩尖1～2片小叶；如果营养梢生长势很强，单以主梢摘心难以控制生长时，可

提前摘心培养副梢结果母枝。生长期大于 180 天的地区，主梢生长纤细的于 8～10 片叶时摘心，以促进主梢加粗；主蔓生长势中庸健壮的于 80～100 厘米时摘心；主蔓生长势很强，可采用培养副梢结果母蔓的方法分次摘心。第一次于主梢 8～10 片叶时留 5～6 片叶摘心，促使副梢萌发，当顶端的第一次副梢长出 7～8 片叶时摘心；以后产生的第二次副梢，只保留顶端的 1 个副梢，于 4～5 片叶时留 3～4 片叶摘心，其余的二次副梢从基部抹除，以后再发生的三次副梢依此处理。

③ 主、侧蔓上的延长蔓摘心　用于扩大树冠的主、侧蔓上的延长蔓，摘心标准为：

a.延长蔓生长较弱的，最好选下部较强壮的主梢换头，对非用它领头不可的，于 10～12 片叶摘心，促进加粗生长。

b.延长蔓生长中庸健壮的，可根据当年预计的冬季修剪剪留长度和生长期的长短适当推迟摘心时间。生长期较短的北方地区，应在 8 月上、中旬以前摘心；生长期较长的南方地区，可在 9 月上、中旬摘心，使延长蔓能充分成熟。

c.延长蔓生长强旺的，可提前摘心，分散营养，避免徒长，摘心后发出的副梢，选最顶端 1 个副梢作延长蔓继续延伸，按前述中庸枝处理，其余副梢作结果母枝培养。

（4）副梢的处理

●【知识链接】●

副梢及其利用

副梢是葡萄植株的重要组成部分，处理得当可以加速树体的生长和整形，增补主梢叶片不足，增强树势和缓和树势，提高光合效率，还可以利用其结二次果或生长压条苗；相反，处理不当使架面郁闭，增加树体营养的无效消耗，影响架面通风透光，不利于生长和结果，乃至降低浆果品质。因此，应根据副梢所处位置、生长空间和生长势等对其合理利用。

① 利用副梢加速整形　当年定植苗只抽生 1 个新梢，但整形要求需培养 2 个以上主蔓时，可在新梢生长 4～6 叶时及早摘心（图 5-37 和图 5-38），促发副梢，按整形要求选出副梢培养主蔓。当主蔓延长蔓损伤后，可利用顶端发出的副梢作延长蔓继续延伸生长。

② 利用副梢培养结果母枝　生长势强旺品种，其新梢容易徒长，冬芽分化不良、扁平，第二年不易抽生结果蔓，而冬芽旁边的夏芽，当年抽生的副梢，往往生长势中庸健壮。其上的冬芽花芽分化良好、饱满，可作结果母枝。因此，对生长旺盛的品种，可利用上述特性采取提前摘心和分次摘心的方法，培养副梢结果母枝。

③ 利用副梢结二次果　某些早、中熟品种的副梢结实率很高，二次果的品质也好，且能充分成熟，可按一次果的培养方法利用副梢结二次果，如京优品种的二次果，坐果率高，穗大粒大，品质优。利用副梢结二次果，拓宽市场供应，增加收益，可充分发挥品种生产潜力。

④ 利用副梢压条繁殖　在生长期超过180天的地区，对生长势较强、易发副梢的品种（如巨峰、京亚、京优等），在6月中、下旬，当副梢已抽生长达15厘米以上时，可将植株基部的新梢或连同母枝一起，挖浅沟压入地表，随着副梢的生长，逐渐培土，促进主梢节位和副梢基部生根，即可培养成副梢压条苗木。

① 结果枝上的副梢处理　结果枝上的副梢有两个作用：一是利用它补充结果蔓上叶片之不足，二是利用它结二次果，除此之外，其副梢必须及时处理，以减少树体营养的无效消耗，防止与果穗争夺养分和水分。一般采用两种方法处理。

习惯法：顶端1～2个副梢留3～4片叶反复摘心，果穗以下副梢从基部抹除，其余副梢"留1叶绝后摘心"。此方法适于幼龄结果树，多留副梢叶片，既保证初结果期早期丰产，又促进树冠不断扩展和树体丰满。

省工法：顶端1～2个副梢留4～6叶摘心，其余副梢从基部抹除，顶端产生的二次、三次等副梢，始终只保留顶端1个副梢留2～3叶反复摘心，其他二次、三次等副梢从基部抹除。此方法适于成龄结果树，少留副梢叶片，减少叶幕层厚度，让架面能透进微光，使架下果穗和叶片能见光，减少黄叶，促进葡萄着色。

② 营养蔓上的副梢处理　营养蔓上的副梢可用来培养结果母枝和结二次果、压条繁殖。因此，可按结果枝上副梢处理的省工法进行处理。

③ 主、侧蔓上的延长蔓的副梢处理　主、侧蔓延长蔓上的副梢，除生长势很强旺的可利用它培养副梢结果母枝外，一般都不留或尽量少留副梢，也不再利用副梢结果。所以，延长蔓的副梢通常都从基部抹除，延长蔓摘心后萌发的副梢，也只保留最顶端的1个副梢继续延长。

(5) 疏花序与花序整形　疏花序和花序整形是调整葡萄产量、使植株达到合理负载量的重要手段，也是提高葡萄品质、实现标准化生产的关键性技术之一。要想取得优质浆果，必须严格控制产量。鲜食葡萄亩标准产量应该控制在1000～1500千克。

① 疏花序时间　对生长偏弱、坐果较好的品种，原则上应尽量早疏去多余花序。通常在新梢上能明显分辨出花序多少、大小的时候进行，以节省养分，对生长强旺、花序较大、落花落果严重的品种（如巨峰以及其他巨峰群品种、玫瑰香等），可适当晚几天，待花序分离后能清楚看出花序形状、花蕾多少的时候进行疏花序。至于最后选留多少花序，还取决于产量指标和花序的坐果状况。

② 疏花序要求　根据品种、树龄、树势确定单位面积产量指标，把产量分配

到单株葡萄上，然后进行疏花序。一般对果穗重 400 克以上的大穗品种，原则上短细枝不留花序，中庸和强壮枝各留 1 个花序。个别空间较大、枝条稀疏、强壮的枝可留 2 个花序（图 5-39～图 5-41）。疏除花序应考虑如下方面。

  a.新梢强弱 细弱枝、中庸枝、强壮枝。

  b.新梢位置 主蔓下部离地面较近的低位枝，主、侧蔓延长枝，结果枝组中的距主蔓近的下一年留作更新枝。

  c.花序着生位置 与架面铁线或枝蔓交叉花序，同一结果新梢的上位花序。

  d.花序大小与质量 小花序、畸形花序、伤病花序。

对大穗形且坐果率高的品种（红地球、秋红、里查马特、龙眼，无核白鸡心等），花前 1 周左右先掐去全穗长 1/5～1/4 的穗尖，初花期剪去过大、过长的副穗和歧肩，然后根据穗重指标，结合花序轴上各分枝情况，可以采取长的剪短、紧的"隔 2 去 1"（即从花序基部向前端每间隔 2 个分枝剪去 1 个分枝）的办法，疏开果粒，减少穗重，达到整形要求。

对巨峰等坐果率较低的葡萄品种，花序整形时，先掐去全枝长的 1/5～1/4 的穗尖，再去副穗和歧肩，最后从上部剪掉花序大分枝 3～4 个，尽量保留下部花序小分枝，使果穗紧凑，并达到要求的短圆锥形或圆柱形标准。

3.肥水管理

（1）土壤管理 葡萄萌芽开花需消耗大量营养物质。若树体营养水平较低，此时氮肥供应不足，会导致大量落花落果，影响营养生长，对树体不利，故生产上应注重这次施肥。施复合肥 15～20 千克，有利于树势健壮、生长和开花坐果。对弱树、老树和结果过多的大树，应加大施肥量。树势强旺，基肥数量又比较充足时，花前追肥可推迟至花后。但在开花前 1 周至开花期，禁施速效氮肥。结合根外追肥，在幼叶展开、新梢开始生长时，喷施 0.1% 尿素加磷酸二氢钾混合液 2 次，可促进幼叶发育，显著增大叶面，提高光合能力，促进营养生长和花芽补充分化。

在整个萌芽抽梢期间，要在施肥时局部挖施肥沟、施肥穴，结合施肥进行翻土。中耕、除草两者往往结合进行。中耕的目的是清除杂草，减少水分蒸发和养分消耗，改善土壤通气条件，促进微生物活动，增加有效养分，减少病虫害，防止有害盐类含量上升等。中耕应根据当地气候和杂草生长情况而定。在杂草出苗期和结籽前进行除草效果更好。中耕深度一般为 5～10 厘米，里浅外深，尽量避免伤害根系。

（2）水分管理 在萌芽前灌水基础上，土壤含水量少于田间最大持水量的 60% 时就需要灌水。即手握壤土或沙壤土时当手松开后不能成团；黏壤土捏时虽能成团，但轻压易裂，说明土壤含水量已少于田间最大持水量的 60%，须进行灌水。

4.病虫害防治

开花前喷施一次甲基硫菌灵或用百菌清进行一次熏蒸，防治灰霉病和穗轴褐枯病等病害。温室室内不宜喷施波尔多液，以免污染棚膜。

【知识链接】

葡萄灰霉病的症状及防治措施

（1）症状　灰霉病主要为害葡萄的花序、幼果和成熟的果实，也为害新梢、叶片、穗轴和果梗等。①花序受害时出现似热水烫过的淡褐色病斑，很快变为暗褐色、软腐，天气干燥时花序萎蔫干枯，易脱落，潮湿时花序及幼果上长出灰色霉层；②叶片受害多从叶缘和受伤部位开始，湿度大时，病斑迅速扩展，很快形成轮纹状不规则大斑，生有灰色霉状物，病组织干枯脱落；③果实受害初产生褐色凹陷病斑，以后果实腐烂（图5-42）；④果穗受害多在果实近成熟期，果梗和穗轴可同时被侵染，最后引起整个果穗腐烂，上面布满灰色霉层，并形成黑色菌核。

（2）防治方法　一是减少菌源，结合修剪尽量清除病枝、果粒、果穗和叶片等残枝体，做到及早发现，及时清除。二是栽培管理，及时摘心、剪除过密的副梢、卷须、花穗、叶片等；避免过量施用氮肥，增施钾肥；提倡节水灌溉、覆膜、降低湿度，控制病菌传播。三是选用抗病品种，在设施栽培时，尽量不栽果皮薄、穗紧和易裂果的品种。四是药剂防治（建议用药）。花穗抽出后，可喷洒50％多菌灵800倍液，50％扑海因1000倍液，40％多霉克500倍液，70％易保1000～1500倍液等。采收前喷洒60％特克多1000倍液，要注意轮换施用药剂。

【知识链接】

葡萄穗轴褐枯病的症状及防治措施

（1）病状：葡萄穗轴褐枯病是葡萄的一种新病害，受害严重的巨峰葡萄，其幼穗小穗轴和小幼果大量脱落，影响产量和品质。小穗轴发病初期，先在果穗分枝的小穗轴上出现水浸状褐色小斑点，很快变褐坏死，干枯变为黑褐色，幼果萎缩脱落后剩下穗轴，以后干枯的穗轴经风吹或触碰，从分枝处脱落（图5-43）。小幼果被害后有两种症状：①最初在小幼果粒上发生水浸状褐色不规律的片状病斑，迅速扩展到整个穗粒，变为黑褐色，随之萎缩脱落；②小幼果上出现深褐色至黑色圆形小斑点，病斑不凹陷，幼果不脱落，随着果粒增大，病斑裹现呈疮痂脱落，只影响外观，不影响果实生长发育。

（2）防治措施　一是降低水位，清除杂草，改善架面通风透光条件；二是花期一周和始花期，结合防治黑痘病和灰霉病，喷洒波尔多液、多菌灵或甲基托布津；三是花前18天每株根浇0.5～1克（有效成分）多效唑，可明显增强分枝穗轴的抗病能力。

四、开花期管理

1. 环境调控

自开花始期至开花终了为止，可持续7~12天，但多数为6~10天。当温度达到25℃以上时葡萄开始开花，如果低于15℃则不能正常开花与授粉，受精也会受到抑制。此期管理工作的重点是在控制好温室内温度和湿度的基础上，采取保花保果措施，提高坐果率。

葡萄的授粉受精对温度要求较高。据试验，巨峰葡萄花粉最宜在30℃时发芽，低于25℃授粉不良。因此，花期白天温度控制在28℃，不低于25℃，夜间温度保持在16~18℃，不低于10℃。温度过低，多数品种授粉、受精不良，落花落果严重。花期禁止浇水，空气相对湿度控制在50%，防止造成落花落果。同时应增加二氧化碳浓度，提高光合速率，促进坐果。

2. 花序管理

【知识链接】

葡萄花

葡萄当年春季果枝上的花芽是上一年形成的。花芽分化的始期是植株开花期前后，在兰州地区约在5月下旬至6月上旬，6~7月是分化盛期。次年萌发后，每个花序原始体才依次分化出花萼、花冠、雄蕊和雌蕊，然后开花。

一般从新梢基部第2节~第6节开始形成花序（图5-44）。有的花序上还有副穗。花序上的花朵数因品种和树势不同而异，发育良好的花序一般有花200~1500朵，多的可达2500朵以上。葡萄花的形态也与其他果树差异大，为"五部合成型"，即5片顶端连生的绿色花瓣，构成帽状花冠，花萼小5片连生呈波状。开花时花瓣自基部微裂外翘，呈帽状脱落（图5-45）。花冠代替萼片，在蕾期对花起保护作用。

欧洲种葡萄的栽培品种，大多数具有两性花，是常异交自花授粉植物，其只有极少数品种为雌性花品种，需要异花授粉。春天，从葡萄萌芽到开花需经历6~9周，当日均温度达到20℃时开花，随着气温的升高开花迅速，在26~32℃时，花粉发芽率最高，花粉管伸长也最快，数小时内就可到达胚珠，温度低时往往需要几天的时间。

葡萄花期约5~14天，因品种和气候条件而不同。在满足授粉受精的前提下，提高坐果率，减少小果率的主要措施是花前（约开花前1周）对结果枝摘心，并严格控制副梢生长，使其暂时停止营养生长，减少幼叶数，提高成叶比例，迅速增加光合生产，让更多的营养运向花序中。

保护地栽培条件下，1个结果新梢平均留1穗果，弱枝不留果。每平方米有效架面留8～10个新梢、留4～5穗果，每亩产量控制在1500～2000千克。即在0.5米×0.5米×2.5米的密度下，每亩可栽树1100株。1株树留5个新梢，其中4个结果新梢，以1穗果500克计，每亩可产2200千克。建议将产量控制在1500千克左右。

花序的整理可根据品种特性，参考露地管理技术进行，如在开花前进行去副穗、掐穗尖、整穗形等，可提高坐果率和果穗的整齐度。

在温室葡萄初花期和盛花期，向花序上各喷施1次0.2%～0.3%的硼砂液或硼酸液，以提高坐果率。

3. 肥水管理

（1）施肥

① 花前喷肥　在幼叶展开、新梢开始生长时，喷施0.3%尿素加磷酸二氢钾混合液2次，可促进幼叶发育，显著增大叶面，提高光合能力，促进营养生长和花芽补充分化。

适宜根外追肥的化肥种类及使用浓度：尿素0.1%～0.3%，磷酸二氢钾、硫酸铵0.3%，过磷酸钙、草木灰1%～3%，硼砂或硼酸0.2%～0.3%，硫酸锌0.3%～0.5%，硫酸钾0.05%，硫酸镁0.05%～0.1%，硫酸亚铁0.1%～0.3%，硫酸锰0.05%～0.3%。

② 补充硼肥　大多数果树从开花到结实，体内的营养代谢非常活跃。在开花期容易缺少的是硼素。缺硼会影响花芽分化、花粉的发育和萌发，在开花时造成花冠不脱落，明显降低坐果率，加剧落花、落果，产生大小粒等现象。硼还能提高果实中维生素和糖的含量，改善果实品质。

可以根据不同品种对硼素的需求，在开花期适当补充硼肥。硼的施用方法有两种：一是叶面喷施，二是土壤施肥。叶面喷施可以在花前、花期连续喷施0.2%～0.3%的硼砂或硼酸盐，中间间隔1周左右。将硼肥施入土壤可以在开春开沟施入，每公顷施22.5～30千克的硼酸或硼砂。

（2）水分管理　从初花至谢花期约10～15天内，应停止供水。花期灌水会引起枝叶徒长，过多消耗树体营养，影响开花坐果，出现大小粒和严重减产。江南的梅雨期正值葡萄开花期和生理落果期。如土壤排水不良，甚至严重积水，会大大降低坐果率，同时引起叶片黄化，导致真菌病害和缺素症（如缺硼）等发生。

因此，在葡萄园规划、设计、建园时，必须建设好符合要求的排水系统。在常年葡萄园管理中，要加强排水系统的管理，经常清理泥沟，清除杂草，保持常年排水畅通。畦沟要逐年加深，特别是水田建园，要使地下水位保持较低的水平。在梅雨季节，要求"雨停田干不积水"。

4. 病虫害防治

花期注意防治穗轴褐枯病，开花前可喷施一次甲基硫菌灵或用百菌清进行一次熏蒸。棚室内不宜喷施波尔多液，以免污染棚膜。

五、果实发育期管理

从落花后幼果开始生长至浆果开始成熟为止，早熟品种需 38～48 天，中熟品种需 50～65 天。主要工作是合理调控温室内的环境，改善通风透光条件，加强树体营养供给，促进幼果健壮生长。

1. 环境调控

在果实发育期，白天温度控制在 25～28℃，夜间温度控制在 16～18℃，不高于 20℃，不低于 13℃。果实着色期白天温度控制在 28～30℃，夜间 15～18℃或更低些。此期增加昼夜温差，促进养分积累，以利果实着色、提高果实含糖量，改善果实品质。

空气相对湿度控制在 50%～60%。这一时期葡萄对水分需求量较大，应及时浇水。另外，这一时期光照条件的好坏及二氧化碳供给量的多少直接影响着光合速率的大小，从而影响果实的发育。因此，这一时期应提高二氧化碳浓度，改善光照条件以增加光合产物在果实内的积累。

2. 树体管理

（1）副梢处理及绑梢

① 对于花前或花期摘心后营养枝发出的副梢，只保留枝条顶端 1～2 个副梢，每个副梢上留 2～4 片叶反复摘心；副梢上发出的二次副梢只保留顶端 1 个，并留 2～3 片叶摘心；其余的二次副梢长出后应立即抹去。对结果枝发出的副梢，位于花序下部的抹去，位于花序上部的留 2～3 片叶摘心；副梢上发出的二次副梢，只在顶端保留 1 个，并留 1～2 片叶反复摘心，其余全部除去。

② 及时绑梢和摘除卷须以促进枝蔓生长。

（2）疏果 国外优质葡萄的产量，一般都控制在 1.7～2 千克/平方米的范围内。我国果农过分追求产量，巨峰葡萄高产园每亩产量高达 3000 千克以上（每平方米产果 4.5 千克以上），造成浆果粒小、糖度低、酸度高、着色差（甚至不着色）、新梢不成熟、花芽分化不好；第二年发枝很少，花序很少，树势衰弱，第三年大量死树。所以从果品优质角度考虑，必须制定每平方米架面产果量 2～2.5 千克，每公顷产量 1.95 万～2.25 万千克的标准。

① 时期 为减少养分无效的消耗，疏穗和疏粒的时期尽可能早。一般在坐果前进行过疏花序的植株，疏穗的任务减轻，可以在坐稳果后（盛花后 20 天），清楚看出各结果枝的坐果情况，估算出每平方米架面的果穗数量。疏粒工作在疏穗以后，当果粒进入硬核期，能分辨出大小粒时进行。

② 疏穗方法 根据生产 1 千克果实所必需的叶面积推算架面留果穗数量的方法进行疏穗，是比较科学的。因为叶面积与果实产量和质量存在极大的相关性，通常叶面积大，产量高，品质好，但是产量与质量之间又是负相关，因此必须先定出质量标准，在满足质量要求的前提下，按叶面积留果。

每 1000 平方米架面上，具有 15000～20000 平方米的叶面积，可生产含糖 17% 的巨峰葡萄 1800～2500 千克，折算每亩 1180～1650 千克。

疏穗的具体方法：中庸果枝留 1 穗、强枝留 2 穗；弱枝不留穗，每平方米架面选留 4～5 穗（图 5-48）。

③ 疏粒方法 通过疏粒使果穗大小符合所要求的标准，也是果穗整形、果粒匀整、提高商品性能的重要措施。标准穗重因品种而异，小粒果，着生紧密的果穗，以 200～250 克为标准穗；大粒果，着生稍松散的果穗，以 350～450 克为标

准；中粒果、松紧适中的果穗，以 250～350 克为标准。果穗太大，糖度低，特别是着色要差，尤其居于果穗中心的果粒特难着色，影响商品性。

疏粒时，首先把畸形果疏去，其次把小粒果疏去，个别突出的大粒果在日本也是要疏去的。然后根据穗形要求，剪去穗轴基部 4～8 个分枝及中间过密的支轴和每支轴上过多的果粒，并疏除部分穗尖的果粒。大粒品种每穗保留 30～60 粒，小粒品种每穗保留 60～70 粒。

（3）施用植物生长调节剂增大果粒

① 应用葡萄膨大剂　葡萄膨大剂是一种新型高效的细胞分裂素类植物生长调节剂，它的有效成分为 KT30（或 CPPU），含有强力促进坐果和果实膨大的高活性物质，其生理活性为玉米素的几十倍，居各种细胞分裂素之首。葡萄膨大剂对落花落果严重、对开花期气候条件敏感的巨峰等品种提高坐果率的效果非常明显，可使产量大大提高。在使用膨大剂时有一点需注意，由于它能使坐果率提高、果粒明显膨大，必须较严格地控制产量，必要时配合疏粒。否则，由于产量过高会造成着色和成熟期推迟，而在正常产量负担下，其对着色和成熟期无明显影响，并且有提高浆果含糖量的效果。

葡萄膨大剂是塑料锡箔袋装的液体产品，使用时每袋对水 1～1.5 千克。使用方法为落花后 7～10 天和 20 天各喷（浸）果穗一次（图 5-49）。四川兰月科技开发公司生产的狮子王牌葡萄膨大剂每 10 毫升对水 1～1.5 千克，可在落花后 1～15 天处理一次，也可在落花后 7～10 天和 18～20 天各浸果穗一次。处理时最好是阴天或晴天下午 4 时后。浸果穗后轻轻抖一抖果穗，抖掉穗粒下部水珠，以免形成畸形果。

② 使用赤霉素　对无核品种应用赤霉素处理可使果粒明显增大。使用方法是在盛花期用 10～30 毫克/千克处理一次，于花后 15～20 天用 30～50 毫克/千克再处理一次，浸蘸或喷布花序和果穗。品种不同，最适处理浓度有所差异。实践证明：红脸无核第一次用 10 毫克/千克，第二次用 30 毫克/千克；金星无核第一次用 20～50 毫克/千克，第二次用 50 毫克/千克；无核白鸡心第一次用 20 毫克/千克，第二次用 50 毫克/千克；无核白第一次用 10～20 毫克/千克，第二次用 20～40 毫克/千克处理；使用效果均较好，可使果粒增重 0.5～1 倍以上。

③ 应用大果灵和增大灵　对有核品种（如巨峰、藤稔等）于花后 10～12 天浸或喷果穗，可使果粒增大 30%～40%；详细的使用方法参照产品说明书。

（4）其他措施　为提高葡萄叶片光合效率，此期内可在葡萄架下铺设反光膜，增加叶幕层内的光照度，同时，也可施用二氧化碳肥料。

3. 肥水管理

（1）土壤管理　加强土壤管理，保持土质疏松、肥沃，并经常注意改善土壤的透气性，增加有机质，以充分满足葡萄根系生长发育的需要。中耕、除草与刈草等土壤管理措施是保障葡萄优质、高产的重要措施之一。

果实生长期既需要较多的氮素营养，又需要较多的磷素、钾素营养，氮、磷、钾肥料要配合施用。如单施化肥，每公顷应施尿素450千克左右，过磷酸钙450千克左右，氯化钾（硫酸钾）300千克左右。如用复合肥，每公顷应施450千克左右，还应配施尿素225～300千克，氯化钾（硅酸钾）150～225千克。有条件的配施菜籽饼375～450千克（先腐熟）。欧亚种葡萄可增加1倍的施肥量。由于施肥量多，不能一次施用，应分两次施用。

施肥方法：氮、磷、钾化肥混合后撒施畦面，浅翻入土或畦两边开沟条施后覆土（每次施一边或每次两边均施，不宜开穴点施）。如土壤干燥，施肥后应适当浇水。

在果粒硬核期以后结合叶面喷肥，每10天喷一次3％～5％的草木灰和0.5％～2％的磷肥浸出液；或喷施0.2％～0.3％的磷酸二氢钾，连续喷施3～4次，对提高果实品质有明显作用。

早熟品种正值果实着色初期，此次施肥对提高果实糖分、改善浆果品质、促进新梢成熟都有作用。这次追肥以磷、钾为主。通常每亩施磷肥50～100千克，钾肥30～49千克。篱架葡萄园在树干两侧，棚架在高主干30～49厘米处，挖20厘米左右的小沟施入，施后覆土、浇水，以提高肥效。中晚熟品种处于幼果膨大期，追施少量人、畜粪或每株施尿素0.25千克，使幼果迅速膨大。另外为增加浆果体积和重量，提高含糖量，增加着色度，促进果实成熟整齐一致，可结合病虫防治喷施0.2％～0.3％的磷酸二氢钾或1.0％～2.0％的草木灰浸出液，连喷2次。

（2）水分管理　此期植株的生理机能最旺盛，为葡萄需水的临界期，适宜的土壤湿度为田间持水量的75％～85％。如水分不足，叶片夺去幼果的水分，使幼果皱缩面脱落。叶片还从吸收根组织内部夺取水分而影响呼吸作用正常进行，导致幼果生长减弱，产量下降。可用滴灌（图5-50）等方法灌溉。

浆果着色期水分过多，将影响糖分积累，着色慢，降低品质和风味，易发生白腐病、炭疽病、霜霉病等，某些品种还可能出现裂果。此期间应严格控水连续10天以上，晴热天应灌水抗旱，晚上灌水，清晨排水，一直到葡萄成熟采收前。

4. 综合防治病虫害

在果实发育期为害果实的主要病害有白腐病、炭疽病等。可在坐果后2周左右喷一次50％福美双可湿性粉剂500～700倍液，以后每半个月喷一次杀菌剂，可用福美双和百菌清可湿性粉剂800倍液交替使用。为了降低温室内湿度，也可用百菌清烟雾剂熏蒸，每10天左右熏蒸一次。

葡萄白腐病的症状及防治措施

（1）症状　葡萄白腐病主要为害果实和穗轴，也能为害枝蔓和叶片。果穗发病先从距地面较近的穗轴和小果梗开始，起初出现淡褐色不规则的水渍状病斑，逐渐蔓延到果粒。果粒发病后1周，病果由褐色变为深褐色，果肉软腐，果皮下密生白色略突起的小点。以后病果逐渐干缩成为有棱角的僵果，果粒或果穗易脱落，并有明显的土腥味（据此可与穗轴褐枯病相区别）（图5-51）。枝蔓发病多在受伤的部位，病斑初为暗红色褐色、水渍状椭圆斑，以后颜色变深，表面密生略为突起的灰白色小粒点，后期病蔓皮层与木质部分离，纵裂，纤维散乱如麻，病部两端变粗，严重时病蔓易折断，或引起病部以上枝叶枯死。叶片发病时，先从叶缘开始产生黄褐色边缘呈水浸状的Ｖ形病斑，逐渐向叶片中部扩展，形成近圆形的淡褐色大病斑，病斑上有不明显的同心轮纹。后期病斑产生灰白色小点，最后叶片干枯，极易破裂。

（2）防治方法

① 彻底清除落于地面的病穗、病果；剪除病蔓和病叶并集中烧毁。结合休眠期修剪，剪除树上病蔓，并将病残枝叶彻底烧毁。

② 加强栽培管理。合理修剪，及时绑蔓、摘心、处理副梢和适当疏叶，创造良好的通风透光条件，降低田间湿度。栽培上要注意改良架形，将果穗坐果部位提高到距地面60厘米以上，以减少发病。

③ 合理施肥。生长前期以施氮肥为主，促进枝蔓生长；着果后以磷、钾肥为主提高植株的抗病力。

④ 坐果后经常检查下部果穗，发现零星病穗时应及时摘除，并立即喷药。以后每隔15天喷1次，至果实采收前为止，共喷3～5次。常用药剂有80%喷克可湿性粉剂800倍液、50%退菌特800倍液、70%百菌清500～700倍液、50%多菌灵800倍液、50%甲基硫菌灵800倍液、50%可湿性福美双（赛欧散）700～1000倍液。

⑤ 在白腐病发病初期，应及时采用氟硅唑（福星）6000～8000倍液或烯唑醇3000～4000倍液等治疗剂喷洒。

⑥ 如白腐病发生较严重，除加强树体防治外，萌芽前可在树盘内地表面喷洒5波美度石硫合剂或进行地膜覆盖，以减少越冬菌源的侵染。

葡萄炭疽病的症状及防治措施

（1）症状　葡萄炭疽病主要为害接近成熟的果实，所以也称晚腐病。病菌侵害果梗和穗轴，近地面的果穗尖端果粒首先发病，果实受害后，先在果面产生针头大的褐色圆形小斑点，以后病斑逐渐扩大并凹陷，表面产生许多轮纹状排列的小黑点，即病露菌的分生孢子盘（图5-52）。天气潮湿时涌出粉红色胶质的分生孢子团是其最明显的特征。严重时，病斑可以扩展到整个果面。后期感病时，果粒软腐脱落，或逐渐失水干缩成僵果。果梗及穗轴发病，产生暗褐色长圆形的凹陷病斑，严重时使全穗果粒干枯或脱落。

（2）防治方法

① 彻底清除架面上的病残枝、病穗梗和病果，并及时集中烧毁，消灭菌源。

② 加强栽培管理，及时摘心、绑蔓和中耕除草，为植株创造良好的通风透光条件。同时，要注意合理排灌，降低果园湿度，减轻发病程度。

③ 葡萄萌动前，喷洒40%福美双100倍液或5波美度的石硫合剂药液，铲除越冬病原体。开花后是防止炭疽病侵染的关键时期，果实生育期每隔15天喷1次药，共喷3~4次。常用药剂有喷克、科博600倍液，50%退菌特800~1000倍液、200倍石灰半量式波尔多液、50%托布津500倍液、75%百菌清500~800倍液和50%多菌灵600~800倍液或多菌灵—井冈霉素800倍液，特别是对结果母枝上要进行仔细喷布，退菌特是一种残效期较长的药剂，采收前1个月即应停止使用。

5. 葡萄裂果的原因及预防

葡萄裂果发生时期及症状：一般果实裂果多发生在果实着色成熟期。裂果症状因不同品种、不同诱发原因而异。如巨峰多在果顶部裂开，也有在果蒂部裂开；乍那一般自果蒂的胴部横向裂开，也有果顶部的纵向开裂，粉红葡萄多在果顶部裂果；意大利在果蒂部呈近环状开裂；金后从果蒂向下纵裂；洋红蜜在果顶部呈放射状三裂；某些果粒着生紧密的品种如玫瑰露、金玫瑰等一般在果粒间接触部分裂开；大可满在果顶部、果蒂处和果粒胴部均可发生裂果（图5-53）。果实裂果，裂口随着果实成熟、着色面的扩大而加长变宽，易被杂菌感染而霉烂。由病虫害引起的裂果与生理裂果不同，如白粉病为害引起的裂果，发生在硬核期之后，果实以果脐向上纵裂；由红蜘蛛为害的裂果，发生在着色之后，果实从果蒂部向下纵裂。

（1）影响葡萄裂果的因素

① 裂果与品种有关　葡萄果实裂果与否、裂果轻重与品种关系很大。受不同品种的果实发育特点、果皮组织结构、果粒着生密度等因素制约。一般果皮薄、果肉脆的欧亚种易发生裂果，如牛奶、意大利等，而果皮较厚、肉质软的品种裂果较轻或不裂果。另外，在果实着色期，从果面或根系吸水速度快、吸水量大的品种如里查马特、布朗无核、奥林匹亚等易发生裂果。

② 裂果与果皮强度有关　葡萄的果皮强度高低，受果粒部位、成熟度、果粒

密度等因素影响。一般果皮强度随着果实成熟、含糖量增加而急剧降低，但同一果粒不同部位降低的幅度不同。如果粒密集的玫瑰露，果粒间的接触部分，表皮层薄，有许多龟裂，果皮强度降低幅度较大，若在成熟期遇雨，果皮和根系迅速吸水，果粒内部膨压增高，在果粒接触的龟裂部分裂果。果粒稀疏的巨峰，果实着色期，在果顶部有许多小龟裂，有时在果蒂部至果粒胴部有纹状凹陷，这些龟裂和凹陷部位，果皮强度较低，也易发生裂果。

③ 裂果与果粒发育状态有关　巨峰葡萄的裂果与果实的膨大状况有密切关系。易裂果的果粒，在果实发育初期，果实膨大量往往较小，硬核期果实生长明显停滞，且停滞的时间长，至着色期果实又急速膨大，果粒的纵径和横径生长不平衡，果面产生变形，在果顶部或果蒂部形成龟裂和凹陷，这些部位易发生裂果。而果粒在初期膨大良好，硬核期发生停滞时间短，着色期果实膨大量适宜的，裂果少或不裂果。

④ 裂果与种子发育有关　据报道，大多数的裂果多发生在只有单个种子的果粒。因单个种子偏向果粒一侧，在种子的一侧发育良好，而无种子一侧发育较差，果粒畸形，易发生裂果。

⑤ 裂果与土壤质地有关　一般地势低洼、排水不良、通透性差、干湿变化剧烈、易旱易涝的黏质土易发生裂果。而土层深厚、土质疏松、通透性好的沙质土则裂果较轻。

⑥ 裂果与土壤水分剧烈变化密切相关　若在果实发育初期降雨少，水分供应不足，土壤长期处于干旱状态，果实在硬核期生长停滞的时间长，到果实着色期连降雨或浇水量大，土壤水分急剧增加，根系和果面大量吸水，果实急剧膨大，在果皮强度低的着色部分发生裂口。因此，久旱后骤雨或大量浇水，土壤干湿变化剧烈是引起葡萄裂果的主要原因之一。

⑦ 裂果与植物生长调节剂有关　据平智研究，奥林匹亚在果实着色期喷布乙烯利和 GA_3 有促进裂果的作用，而同期喷布乙烯合成抑制剂氨基乙醇酸则有抑制裂果的倾向。这表明裂果的发生或加剧与乙烯有关。

⑧ 裂果与某些病虫害有关　葡萄白粉病为害可引起裂果，感病后果面常覆盖一层白粉，后期白粉下形成雪花状或不规则褐斑，果实硬化，失去弹性，常从果顶部向上纵裂，多发生在硬核期以后。葡萄红蜘蛛为害也可引起裂果，在果面上呈褐锈斑，以果肩为多，果面粗糙，果粒从果蒂向下纵裂。

⑨ 裂果与栽培管理差有关　一般光照不足、通风不良、湿度高、氮肥过多的情况下，果皮脆，易发生裂果。负载量对裂果也有影响。巨峰如负载量大、结果过多、叶果比小，果实成熟延迟、着色不良，易引起裂果。弱树、移栽树、自根树和发生日灼病的植株易发生裂果。另外，不同年份、不同植株间发生裂果的轻重也有差异。总之，往往多个栽培因素影响根系和叶片的功能，引起果实发育和水分生理的异常，从而导致裂果的发生。

（2）防止裂果的几项主要措施　葡萄裂果受多因素影响，各地应根据当地的品种、气候、土壤、栽培管理等具体条件，找出影响裂果的主要因子，采用相应的防治措施，才能收到良好效果。

① 品种选择　温室定植时，在其他经济性状相同或相近的情况下，应优先选择裂果轻或不裂果的品种。

② 园地选择与土壤改良　应尽量在土层深厚、土质疏松、通透性良好的沙壤土栽植，但对通气不良、易板结的黏质土，可通过深翻，加厚活土层，增施有机肥，改善土壤理化性质，并应做好排水工作。

③ 采用"灌控结合法"浇水　花后至采收前的浇水采用"灌控结合法"，即在坐果后的果实发育初期、硬核期，每隔 10～15 天浇一次水，保持土壤水分的相对稳定，使幼果前期发育良好。尤其是要重视果实着色前的硬核期浇水，以减少该期的果粒生长缓慢停滞的时间，在果实开始着色至成熟期，应保持土壤稳定在适宜的湿度，如不太干，尽量不浇大水，以避免根系和果面吸水太多而导致裂果。另外，浇水应依降雨量情况灵活掌握。在果实成熟期若降雨量大，应做好排水工作。总之，如果土壤水分调节适宜，可有效地减少裂果。

④ 覆盖地膜　对葡萄实行地膜覆盖，可防止降雨后土壤水分剧增，排水通畅，稳定土壤水分。同时，覆膜后可抑制土壤水分蒸发，减少浇水次数，尤其适于干旱缺水地区，防止裂果效果非常显著。覆膜应依据不同品种的果实发育规律和裂果特点，掌握好覆膜时间和方法。一般在果实发育的第二个高峰期（着色成熟期）之前进行覆膜，乍娜在盛花后 30 天左右。覆膜前应浇一次透水，一般到果实成熟采收前不再浇水。覆膜可全园覆盖或树盘覆盖，前者效果更好。覆膜前，将植株基部整得略高，然后覆膜，以利降雨后水的排出。覆膜对提高着色、提高品质也有一定作用。

⑤ 加强病虫害的防治　对葡萄白粉病引起的裂果，在萌芽期喷 25% 粉锈宁可湿性粉剂 1500 倍液，或 70% 甲基硫菌灵 1000 倍液，连喷 2～3 次即可控制此病发生。对葡萄红蜘蛛引起的裂果，在萌芽前刮除树皮，消灭越冬螨。萌芽后展叶前喷 5 波美度石硫合剂，生长季喷硫磺胶悬剂 300～500 倍液或 25% 亚胺硫磷 500～800 倍液，效果较好。

⑥ 加强综合栽培管理，合理负载　对巨峰、乍娜等易裂果品种，采用疏枝、疏穗等措施，保持适宜的叶果比，防止结果过量，使果实上色快而整齐。对果穗过紧的品种，适当疏粒，使留下来的果粒有足够的生长空间。改善通风透光条件，加强夏季管理，及时抹芽、绑梢、摘心，使架面通风透光良好，降低空气湿度，减少果皮吸水，增强果皮韧性，对减轻裂果有一定效果。保持树势稳定，要增施有机肥，适当减少施氮肥，使植株健壮，枝条充实，保持适宜的树势和枝势。通过冬季、夏季修剪，保持全株树势的均衡，避免上强下弱。另外，将易裂果品种嫁接在适宜的砧木上，可减轻裂果。最好不要在易裂果的品种上使用乙烯利和

GA_3，以防诱发裂果。另外，采用果穗套袋对减少裂果也有较好效果。

6. 果实采收与包装

温室葡萄采收时应注意两点：一是要适时采收，不能过早，以免影响葡萄质量；二是采收后要及时包装销售。葡萄的果穗成熟期不一致，应分期分批采收。采收应在早晚温度低时进行。用疏果剪去掉青粒、小粒，然后根据果穗大小、果粒整齐度和着色等进行分级和包装。由于温室促早栽培主要以早熟品种为主，而早熟品种多耐贮性较差，因此应随采收随及时运销。对一时不能运销的，要进行低温保鲜，短期贮藏。

(1) 准备采收工具　包括采收用的采果剪、采果篮等，包装用的装果箱及标签、装果膜袋等，称量用的台秤，搬运用的平板车等。

(2) 采前清理果穗　对即要采收的葡萄果穗，挨穗进行目测检查，将其中病、虫、青、小、残、畸形的果粒选出剪除。这项工作有时与采收同时进行，边采收边清理果穗。

(3) 采收时间　葡萄采收应在浆果成熟的适期进行，这对浆果产量、品质、用途和贮运性有很大的影响。采收过早，浆果尚未充分发育，产量少，糖分积累少，着色差，未形成品种固有的风味和品质，鲜食乏味，酿酒贫香，贮藏易失水，多发病；采收过晚，易落果，果皮皱缩，果肉变软，有些皮薄品种还易裂果，造成丰产不丰收。

① 果实成熟度的类型　根据不同的用途，葡萄浆果的成熟度一般可分为四种类型：

a.可采成熟度　果实七八成熟，糖度较低，酸度较高，肉质较硬，适于罐藏、蜜饯加工。如康拜尔早生、康太等提前采收，用而去皮、去籽、罐藏加工。但远运也应在此时采收。

b.食用成熟度　果实已成熟，达到该品种应有的色、香、味，适于鲜食、酿酒、制汁和贮存。

c.生理成熟度　果实已完全成熟，浆果肉质变软，种子充分成熟，糖酸比达到最高，色、香、味最佳，适于当地鲜食。

d.过分成熟度　果实内含物水解作用加强，呼吸消耗加剧，果皮开始皱缩，风味变淡，易脱粒，商品价值大大降低，甚至失去柜台货架商品价值。

② 判断成熟度的方法

a.果皮色泽　白色品种由绿色变黄绿色或黄白色，略呈透明状；紫色品种由绿色变浅紫或紫红、紫黑色，具有白色果粉；红色品种由绿色变浅红或深红色。

b.果肉硬度　浆果成熟时无论是脆肉型或软肉型品种，果肉都由坚硬变为富有弹性，变软程度因品种而异。

c.糖酸含量　根据各品种成熟浆果应有的糖酸含量指标判断成熟度。如巨峰可溶性固形物在 15% 以上、酸度在 0.6% 以下为鲜食成熟度的主要指标之一。酒用葡萄常以含糖量达到一定标准作为确定收购价格的基数，随含糖量的增减，价格上扬或下跌。

d. 肉质风味　根据口尝果肉的甜酸、风味和香气等综合口感，是否体现本品种固有的特性来判断。

③ 确定采收期　根据上述果实成熟度的标准和用途，可以确定正确的采收日期。但是，同一品种、同一地块、同一树上的果实，成熟期很不一致，一般都应分期采收，即熟一批，采一批，以减少损失和提高品质。

(4) 采收方法　采收工一手持采果剪，一手握紧果穗梗，于贴近果枝处带果穗梗剪下，轻放在采果篮中，不能擦掉果粉，尽量保持果穗完整无损，整洁美观（图 5-54）。

整个采收工作要突出"快、准、轻、稳" 4 个字。"快"就是采收、装箱、运送等环节要迅速，尽量保持葡萄的新鲜度；"准"就是分级、下剪位置、剔除病虫果粒、称重等要准确无误；"轻"就是轻拿轻放，尽量不摩擦果粉、不碰伤果皮、不碰掉果粒，保持果穗完整无损；"稳"就是采收时果穗拿稳，装箱时果穗放稳，运输贮藏时果箱摞稳。

(5) 分级

① 分级的目的意义　葡萄采收后需要分级等一系列的商品化处理过程。分级的目的是使葡萄商品化，通过分级便于包装、贮运，减少产后流通环节损耗，确保葡萄在产后链条增值、增效，实现优质优价，提高市场竞争力，争创名牌产品。

② 分级标准　葡萄分级的主要项目有果穗形状、大小、整齐度；果粒大小，形状和色泽，有无机械伤、药害、病虫害、裂果；可溶性固形物和总酸含量等。鲜食葡萄行业标准中，对所有等级的果穗基本要求是果穗完整、洁净、无病虫害、无异味、充分发育、不发霉、不腐烂、不干燥；对果粒的基本要求是果形正、充分发育、充分成熟、不落粒、果蒂部不皱皮。而当前国内果品批发市场的等级标准，大多分为三级：

一级品：果穗较大（400～600 克或 >600 克），穗形完整无损，果粒呈现品种的典型性，果粒大小一致，疏密均匀，色泽纯正（黑色品种着色率在 95% 以上，红色品种着色率在 75% 以上），肉质较硬，口感甜酸适口，无酸涩，无异味。

二级品：果穗中大（300～500 克），穗形不够标准，形状有差异，果梗不新鲜。果粒基本表现出品种的典型性，但有大小粒，色泽相对一级品相差 10% 左右，肉质稍软，含糖量低出 1%～2%，无异味。

三级品：果穗大小不匀，穗形不完整，果梗干缩。果粒大小不匀，着色差，肉质软，含糖量较低，酸味重，口感差，风味淡。可降低价格出售。

(6) 包装　葡萄由农产品变成商品需要科学的包装。包装是商品生产的最后环节。通过包装可增强商品外观，增加附加值，提高市场竞争力；保护商品不挤压、不变形、不损坏；防止商品污染，增进食品卫生安全；利于贮藏运输和管理。

① 包装容器　应选用无毒、无异味、光滑、洁净、质轻、坚固、价廉、美观的材料制作葡萄鲜果包装容器。通常采用木条箱、泡沫苯板箱、纸板箱和硬塑箱等。要求包装容器在码垛贮藏和装卸运输过程中有足够的机械支撑强度，具有一定的防潮性，防止吸水变形，降低支撑强度，具有一定的通透性，利于葡萄呼吸放热和气体交换。在外包装上印制商标、品名、重量、等级及产地等。

② 包装方法　葡萄是浆果，采收后应立即装箱，避免风吹日晒，否则易失水、易损伤、易污染。由于葡萄皮薄、肉软，不抗压、不抗震，对机械伤很敏感，最好从田间采收到贮运销售过程中只经历一次装箱包装，切忌多次翻倒、多次装箱、多次包装，否则每次翻倒都会引起严重的碰、拉、压等机械损伤，造成病菌侵入而霉烂。所以我们提倡应在葡萄架下装箱，但是，也不排除集中采收后进入车间选果包装的方法。

六、果实采收后管理

果实采收后，即可去掉棚膜，实行露地管理，大部分管理内容可参照露地管理进行，但也有以下几点需要加以注意。

1. 采收后修剪

对于日光温室促成栽培的葡萄，如采用多年一栽制，果实采收后（沈阳多在 6月中旬前）应立即进行更新修剪。因为此时进行更新修剪，培育新枝，对枝条发育尚有足够的时间，而且环境与露地相近，能够充分满足花芽分化、枝条木质化等发育过程的需求。

篱架栽培的葡萄通常是上部葡萄先成熟，采收后应及时回缩，以利于下部葡萄成熟，待果实全部采收后及时将主蔓在距地面 30～50 厘米处回缩，促使潜伏芽萌发，培养新的主蔓，即结果母枝。有预备枝的则应回缩到预备枝处。这项工作最好在 6 月上旬完成，最迟不能超过 6 月下旬。修剪时间越晚，主蔓应留得越长，避免新梢萌发过晚，花芽分化不好。棚架葡萄修剪如采用长梢修剪，同样将结过果的主蔓部分回缩到棚架的转弯处，有预备枝最好，培养新的结果母枝（图 5-55）。

图 5-55　篱架栽培葡萄果实采收后修剪状

2. 修剪后的新梢管理

主蔓回缩修剪后，大约 20 天潜伏芽萌发，对发出的新梢，选留 1 个，对其进行露地管理，副梢留一片叶摘心，及时去除卷须，当长到 1.8 米左右时或在 8 月上中旬进行摘心。美人指等生长势强旺的品种回缩后可留 2 个新梢，以缓和生长势（图 5-56）。

缩剪后留2个新梢　　　　培养成2个结果蔓

图 5-56　修剪后的新梢管理

3. 采收后的肥水管理

葡萄修剪后每株施 50 克尿素或施复合肥 100～150 克，施肥后灌一次水，促发新枝，重新培养结果母枝，后期及时控制新梢生长。9 月上中旬施一次有机肥，每亩施 5000 千克，即 1 株树 5 千克左右，促进树体养分积累，为下一年生产打好基础。在新梢生长过程中应进行叶面施肥，促进新梢生长健壮，保证花芽分化的需要。

4. 采收后的病虫害综合防治

更新后的新梢，前期可喷布石灰半量式波尔多液 200 倍液防治葡萄霜霉病，以后可喷等量式波尔多液，共喷 2～3 次，每次间隔 10～15 天。在喷布波尔多液期间可间或喷布甲基硫菌灵、代森锰锌、噁唑菌酮等杀菌剂防治白腐病、炭疽病等病害。

【知识链接】

葡萄霜霉病的症状及防治措施

（1）症状　葡萄霜霉病主要为害葡萄的叶片，也能侵害嫩梢、花序和幼果等幼嫩的部分。叶片发病，最初为细小的不定形淡黄色水渍状斑点，以后逐渐扩大，在叶片正面出现黄色和褐色的不规则形病斑，边缘界限不明显，经常数个病斑合并成多角形大斑。病斑背面产生白色的霜状霉层，发病严重时，叶片焦枯卷缩而早期脱落（图 5-57）。嫩梢、叶柄、果梗等发病，最初产生水渍状黄色病斑，以后变为黄褐至褐色，形状不规则。天气潮湿时，在叶片下表面密生白色霜状霉层，天气干旱时，病部组织干缩下陷，生长停滞，甚至扭曲或枯死。花及幼果受害，病斑初为浅绿色，后呈现深褐色，感病果粒变硬，并在果面形成霜状霉层，不久即萎缩脱落。

（2）防治方法

① 收集病叶、病果、病梢等病组织残体，彻底烧毁，减少越冬菌源是预防霜霉病发生的重要技术环节。

② 加强果园栽培管理。尽量剪除靠近地面不必要的叶片，控制副梢生长；保持良好的通风透光条件，降低湿度，减少土壤中越冬的卵孢子随雨溅到叶片上的机会。此外，增施磷、钾肥，在酸性土壤中增施生石灰，均可以提高葡萄的抗病能力。

③ 药物防治。铜制剂是防治霜霉病最重要、最有效的药剂，如波尔多液等。同时可用喷克、乙膦铝等进行预防。发病初期喷石灰半量式波尔多液 160 倍液或 50％克菌丹 500 倍液、65％代森锌 500 倍液、40％乙膦铝可湿性粉剂 200 倍液、25％甲霜灵可湿性粉剂 1000 倍液、35％甲霜灵 2000～3000 倍液。以后每隔 10～15 天喷 1 次，连续 2～3 次，可以获得较好的防治效果。以 25％甲霜灵可湿性粉剂 2000 倍液，分别与代森锌或福美双 1000 倍液混用，比单用效果更好，同时还可兼治其他葡萄病害。克露 72％可湿性粉剂是防治霜霉病效果较好的一种新药剂，药效期长，既有预防也有治疗效果，常用浓度为 700～800 倍液，每隔 15～20 天喷 1 次即可。最近研制的烯酰吗啉、氟吗啉、霜脲氰等对防治霜霉病有良好的效果，可选择使用。

第六章
大棚葡萄优质高效栽培技术

第一节　葡萄栽植和架式

一、园地选择

大棚葡萄从种植到管理、到销售，会遇到一系列的自然环境与社会条件方面的问题。因此建园时首先要考虑到以下三个方面：

1. 自然环境条件

包括气候和土壤两个方面。气候条件包括光照、雨量、气温及"风雹霜寒水"等灾害发生的频率与时间。光照与降雨量既要看全年绝对的数字，又要看四季分布的情况，不能一概而论。处在同一个气候区内，山地、丘陵与平原相比，又会有着各自的小气候特点。各种气候都有利有弊，通过科学的栽培管理，均能收到扬长避短的作用。

葡萄喜中性或微酸性土壤，需要深、肥、松的土壤条件。虽然在 pH 5.5～7.8 的土壤中都能生长，但要达到稳产优质的栽培目标，还须在建园及种植以后的管理中，把土壤改良放在一切工作的首位。

土壤中的地下水，也是在建园时要考虑到的一个重要因素。一般年平均地下水位深 70～80 厘米时，无碍于葡萄的生长。但南方季节性地下水位升高，对葡萄生长十分有害。因此，平原地区建立葡萄园要考虑采用台田式种植方式，以及采用综合降低地下水位的措施。

除以上气候、土壤条件外，还应注意到微观、局部的一些因素。如葡萄园周围的建筑物高低、有没有有害气体及水质的污染源等。

2. 社会交通条件

包括市场、消费习惯、购买力水平及交通的便捷程度等。市场是导向，市场上的葡萄是早熟品种好卖还是晚熟葡萄好卖；是欧亚种葡萄价高还是欧美杂交种葡萄价高；人们喜欢吃红颜色的葡萄还是喜欢吃绿颜色的葡萄；葡萄优质栽培以后，价位能达到什么程度，包装采用什么形式能受欢迎；葡萄量多了以后能否便捷地运出。这诸多社会、交通方面的因素，对建园采用什么品种、规模大小、效益高低、投资成本都有很大影响。

3. 地理经济条件

在地理位置上处于大、中城市郊区，品种选择主要应以优质鲜食葡萄为主，品种的贮运性状可不作为第一要素考虑。如果是地处边远地区，葡萄采收后要长途运输到城里去卖，那么贮运性状就至关重要。在平原地区，选择品种、栽培模式以及采用的设施材料，还有架式、树形等，与山区、丘陵地不可能完全一样。经营者的经济实力、地方政府对葡萄产业化支持的力度和政策不一样，建园的规模大小、投资额度以及大棚选用的类型、材料就不一样。在地区经济比较落后、经营者的经济实力较差的情况下，要规模小一点，采用易丰产的葡萄品种，等取得经济效益后再做调整。

二、种植模式

就全国范围来讲，大棚葡萄种植有两种模式。一种是北方少数地区采用的一年一栽制，另一种是目前大部分地区采用的多年一栽制。一年一栽制的优点是利用植株当年坐果好、品质好的特点和高度密植的优势达到丰产、优质、高效的目的。但一年一栽制也有其局限性，就是大棚内的葡萄成熟期要早，在北方不能迟于5月下旬。另外，还得培养大苗、壮苗，做好准备，在规定的时间突击种好。这样一年一收一种，用工量很大，成本也高。

在南方，大棚葡萄大部分利用塑料大棚实行保温栽培，即使是早熟品种，成熟期也得在6月底到7月上旬。所以根本不可能采用一年一栽制的模式，而要采用多年一栽制的方法。

1. 先密后稀

此种模式又称作计划性密植，是大棚葡萄取得早期丰产、又保证连续稳产、优质的一种种植方式。"先密"，要有计划，并不是越密越好。俗话说："不怕行里密，就怕密了行"。因此，首先确定行距是最为关键的。

行距的大小依架式而定。如采用篱架，不论是单篱还是宽篱，要保证2～3

米。如采用小棚架行距要 3～4 米，大棚架要 5～6 米。考虑到棚架架面的形成至少要 2～3 年的时间，因此早期 2～3 年内棚架中间可种一行篱架，作为临时结果，既可以提高早期单位面积产量又不影响中后期的产量和质量。

"先密"是为了提高大棚早期产量和效益，但如果 2～3 年后不逐渐变稀，势必造成架面郁闭，通风光照不良，产量下降，品质变劣。由密变稀的方法就是适时适量的间伐。

篱架栽培，一般采用株间间伐。间伐的时间因密度而异。一般株距在 1～1.5 米，定植后第二年，即结果当年就需隔株间伐。使原来的株距扩大 1 倍，成为 2～3 米。隔两年以后，即结果第三年的冬天，再隔株间伐一次，使株距变成 4～6 米。此后株距不变，树冠扩大后，并不影响产量。

棚架栽培常采用行间间伐。为保证棚架架面有伸展的余地，单栋大棚内采用小棚架种植时，应种在大棚两侧，即靠近棚脚各种一行。为管理方便和扩大架面，这两条边行应靠棚脚越近越好（但不少于 1 米距离）。中间的空位置上再种 1 条临时行，按篱架小扇形整枝，临时行定植时株距可密一些，一般要求在 1 米左右。结果当年隔株间伐，株距加倍，再结果 1 年全部挖掉。棚架架面此时已伸展到位，大棚葡萄的产量仍维持原有水平。

在连栋大棚内采用大棚架栽培时与单栋大棚相反。中间为永久行，两边为临时行。待棚架向两边延伸对临时行篱架造成影响时，两边临时行挖掉。

附小棚架中间临时行间伐示意图（图 6-1）。

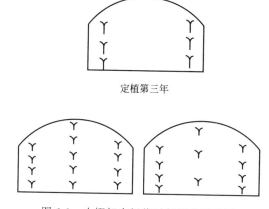

定植第三年

图 6-1　小棚架中间临时行间伐示意图

2. 深挖浅种

纵观常绿果树和落叶果树的种植方法，总结我国北方和南方的实际种植经验，果树的定植不外乎两种方法。其一是深挖浅种，即深挖定植穴或定植沟，但要种得浅。深挖是为了扩大松土层，保障根系的生长有充足的适宜空间，从而达到根深叶茂的目的。这种方法多用在落叶果树的种植上。其二是浅种深埋，即苗木种植时不挖深穴或深沟，但以后结合秋冬施肥，逐渐向根际埋土加深根层。这种方法常绿果树，特别是柑橘、枇杷的种植上普遍采用。开始种得浅，以后逐年的深埋，同样使根系分布加深，达到根深叶茂的目的。

葡萄是落叶果树，根系属肉质根，对土壤中的空气很是敏感。而南方地区地下水位一般较高，年降雨量又大，为降低地下水位，保证土壤的通透性良好，宜采用深挖浅种的方法。

因为建园时定植密度高，易于地下排水，提倡挖定植沟。定植沟的深度，砂土地宜浅，一般要求60厘米左右，黏土地宜深，一般要达到80厘米。长江中下游的平原地带，大都是水稻地改种葡萄。水稻土的结构特点是表土下有一个犁底层，犁底层下边还有一个结核层。这两层土壤的黏度很大，均缺少有机质，所以定植沟要深，以便改良土壤和降低地下水位。上海市农业科学院与上海马陆葡萄研究所推广的具体技术指标是：

（1）定植沟深80厘米，宽100厘米。

（2）定植沟底部20厘米为地下排水层，放置树枝、庄稼秸秆或砂石、瓦片等。中部40厘米为土肥层，每亩施腐熟粪肥5000～10000千克，与土壤充分拌匀。表层20厘米为熟土层。要求挖定植沟时表土心土不打乱，表土仍覆在地面，葡萄苗就种植在表土上（图6-2）。

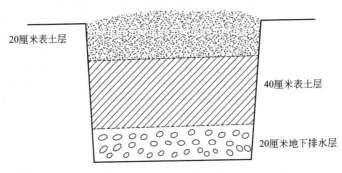

图6-2　定植沟示意图

3. 三沟配套

所谓三沟，即毛沟、腰沟、围沟。毛沟是棚与棚之间（畦与畦之间）的浅沟，既排水又当作业道使用。腰沟是地段之间逆行向设置的排水沟，汇集各条毛沟径流之后排出。围沟是在葡萄园周围挖掘的深沟，它一头连着河滨，一头连着腰沟。三沟的深度总体要求是：围沟在1.0米以下；腰沟在0.8米以下；毛沟0.3～0.4米。三沟配套与深挖浅种相结合，就可以达到地面排水与地下排水相结合的目的。

三、葡萄定植

【知识链接】

葡萄苗的质量指标见表 6-1 所示。

表 6-1　葡萄苗的质量指标（引自 NY469—2001《葡萄苗木》）

种类	项目			一级	二级	三级
自根苗	品种纯度			纯度≥98%		
	根系	侧根数量/条		≥5	4～5	
		侧根粗度/厘米		≥0.3	0.2～0.3	
		侧根长度/厘米		≥20	15～20	
		侧根分布		均匀、舒展		
	枝干	成熟度		木质化		
		高度/厘米		≥20		
		粗度/厘米		≥0.8	0.6～0.8	0.5～0.6
	根皮与茎皮			无新损伤		
	芽眼数/个			≥5		
	病虫危害情况			无检疫对象		
嫁接苗	品种纯度			纯度≥98%		
	根系	侧根数量/条		≥5	4～5	
		侧根粗度/厘米		≥0.3	0.2～0.3	
		侧根长度/厘米		≥20	15～20	
		侧根分布		均匀、舒展		
	枝干	成熟度		充分成熟		
		枝干高度/厘米		≥30		
		接口高度/厘米		10～15		
		粗度/厘米	硬枝嫁接	≥0.8	0.6～0.8	0.5～0.6
			绿枝嫁接	≥0.6	0.5～0.6	0.4～0.5
		嫁接愈合程度		愈合良好		
	根皮与茎皮			无新损伤		
	接穗品种芽眼数/个			≥5	≥5	3～5
	砧木萌蘖			完全清除		
	病虫害情况			无检疫对象		

根据苗木种类，可分成苗定植、绿苗定植和扦插定植三种。根据定植时间，

有冬季定植与春季定植。

1. 定植前的准备

首先做好土壤的准备，实行冬春定植的葡萄园，定植沟在初冬季节以前要挖好（上海地区在 11 月底），并灌水使土壤下沉，土肥交融。对定植沟的表土部分，反复多次中耕，使畦面达到平、松、细的要求。实行绿苗移栽的葡萄园要在苗木定植前 1 个月做好定植沟的准备工作，土壤的松、细程度要比成苗定植更严格。扦插定植一般采用硬枝扦插。为了提高种植质量，也必须在扦插定植以前挖好定植沟。并且在扦插前 15 天覆好地膜，保持土壤温度和湿度。实践证明，扦插定植不仅成活率高，而且加强管理后当年的生长量与成苗定植相差不多。

定植前要对苗木进行检查。一是对苗木进行整理。不同级别的苗木要分开，分别集中定植，以方便管理；二是结合整理苗木，修剪根系和苗干。一般 0.2 厘米以上的根系只剪留 10~15 厘米，根茎以上的枝芽（嫁接苗在嫁接口以上）保留 3~4 个，千万不可留芽太多。

2. 定植时间

绿苗定植一般在 5~6 月。具体时间还要看苗木的生长、供应情况。如苗源充足，绿苗质量又符合要求，在大棚内定植可提早到 4 月。如果是在没有大棚设施的土地上建园，就要看当地露地的气温是否达到了幼苗生长的要求。一般来说，只要在苗木、气温两方面具备的前提下，绿苗定植的时间是越早越好。

成苗定植在南方分冬种与春种。冬种时间是在 11 月底到 12 月中，此时南方节令虽已入冬，但还比较暖和。特别是这个时间的地温高于气温，对苗木根系的伤口愈合有利。这时定植的苗木翌春发芽，成活率高。俗话说："春种先发芽，冬种先发根，早种几个月生长赛一年"。江苏阳澄湖边上的巴城镇 2.67 公顷大棚葡萄，2000 年 12 月上旬定植，2001 年秋季各品种生长量均达到 2 米左右，看上去不像是当年定植的葡萄苗。

扦插定植只能在春季进行。上海地区的最佳时间是 3 月上旬。在生产上，一般不提倡绿枝扦插定植。

3. 定植方法

定植时选择晴好天气，先按原设计密度，定点放样。然后按定植沟的中心线挖穴放苗，每穴一株。种植时把苗扶直，根茎比地表略高，根系舒展于穴内。等穴内填土过半时，摇动树苗，用脚踏实，然后向上微提苗茎，使根系充分与土壤接触，再填土满穴，并在苗四周筑一圈小土坝，直径约 30 厘米，北方叫"打坝子"，南方叫"做树堰"，土坝打好后浇水。水要浇透，此次浇水名曰"搭根水"，十分重要。等水分完全渗干后在树堰周围取土，把浇过水的地方盖没，防止水分蒸发。为提高苗木成活率，种植后最好覆盖黑色地膜，覆膜前按地膜的宽度整理好畦面。选无风天气作业，这样可以达到保湿、保温的作用。

绿苗定植基本与成苗定植差不多，但绿苗必须带土。所以绿苗移栽在苗源较远时很难做到。在短途运输时，也要特别细心谨慎，防止根际泥土脱落。选择绿苗时不宜选太小或太大的苗木。3叶以下，缓苗期长，6～7叶以上，缓苗期太长。一般以4～5叶为好（包括梢尖幼叶），具体还得看长势、长相等。

扦插定植的方法基本与扦插育苗相同。但扦插定植所用的插条要长一些，最好能有4～6个芽。具体操作方法同硬枝扦插。为了保证成活率可按计划的密度加倍，每穴内扦入2根插条。

4. 提高定植成活率的方法

葡萄种植后不论是成苗、绿苗还是扦插枝，都很容易成活。成活率的高低，除与苗木、插条自身的质量有关以外，与定植前的准备工作和定植后的管理工作都有密切关系。

俗话说："活不活在水，壮不壮在肥"。所以，水分是苗木成活的关键。在不用地膜覆盖时，定植后应视天气干旱情况每5～7天浇一次小水。同时每次浇水都要结合松土。如遇暴雨，应及时排水，雨后要及时中耕。

提示板

绿苗移栽后浇水要勤，一般在定植后的缓苗期内，每天都要浇一次小水，等苗成活再断水。断水后，覆地膜或覆草保湿。

扦插定植后因有地膜覆盖，一般不再浇水。但遇天气高温干旱时，可在膜面淋水，使插条洞中进水。等长出4～5叶时，把地膜去掉，开始追肥。

四、葡萄架式的选择

1. 架式、树形、叶幕之间的关系

葡萄在经济栽培的情况下必须设有专门的支架，使葡萄在一定的空间生长发育，从而达到充分利用光能、方便管理、稳产优质的目的，目前生产上普遍采用的架式有两种：一种是篱架（简称立架），一种是棚架。由两种架式延伸而成的有单篱架、双篱架、宽篱架、倾斜篱架；还有大棚架、小棚架、篱棚架等。

一定的树形需要一定的架式来支撑，但一种架式又可以产生多种树形，如篱架中的树形就有高、宽、垂T形，双主蔓扇形，双层双臂、单层双臂等多种树形。架式与树形的确定一方面取决于栽培条件，包括环境条件和生产条

件，另一方面还取决于人为的条件，即人的创造能力和管理水平。如在架式、树形相同条件下，对新梢的绑扎姿势稍加改变，就会出现不同的效果。如上海嘉定区马陆园艺场20世纪80年代在巨峰栽培中采用双主蔓小扇形整枝，把基部第一道、第二道铁丝上的新梢按不同角度吊向行间，第三道铁丝上的新梢直立向上绑，以产压势。这种"上绑下吊"的新梢绑扎方法明显优于直立向上的绑扎方法，使叶幕改变了形状，提高了光能利用率，得到了黄辉白先生的肯定。

叶幕对光照条件的影响很大，因为它直接影响着树体的光合作用。所以张大鹏教授（1993年）提出了一个含义更广的概念——栽培方式，它包括以叶幕为核心的栽培密度，平面几何形状，行向，架式，冬季修剪和生长管理的整个体系，体现了树体管理以控制光合产物器官——叶片的植物生理学思想。这是对架式、树形及一切栽培管理措施相互间关系最完整的总结。

综上所述，在大棚葡萄建园前要尽量选择好一点的架式和整形方式。但也不能步入"惟架式""惟树形论"的误区，生产中不论哪一种架式和树形都不是完美无缺的。树形在伴随着技术的创新、生产的需要，不断演变发展，只有葡萄产量和质量的最佳结合才是一切技术的最终和最高体现。而这一切必须要在各种科学技术的综合利用后才会实现。

2. 大棚葡萄常用架式与树形

（1）篱棚架　这种架式结合了篱架与棚架的优点，实际上是小棚架的变形。这种架式成形快，能实现早期丰产和连续稳产的目的，并有利于规范化操作。

篱棚架是先篱后棚。定植时，主干留70厘米，1.5米株距时选留2根主蔓，到达篱架第三道铁丝时转弯，开始转入棚架。定植后第二年，主要靠篱架结果；第三年开始，篱棚架结果。成形后，篱架第一道铁丝上的结果枝组去除，自篱架第二道铁丝到棚架第一道铁丝结果，主干升高为1.2米（图6-3）。

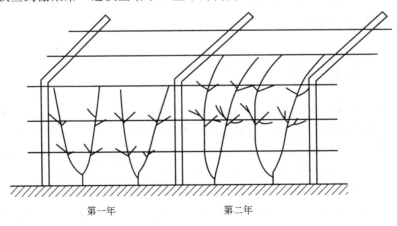

第一年　　　　　　　第二年

图6-3　篱棚架双主蔓小扇形

篱棚架管理要点：

① 利用副梢，迅速扩冠。

② 结果母枝的培养严格控制在每一道铁丝上，做到定位定向安排。

③ 位于篱架部分的主蔓呈 45°左右向上延伸，两行间的距离不能小于 4 米。

④ 新梢绑缚避免向棚外伸展；成龄树每亩选留新梢 3000 根左右。

⑤ 做好篱转棚的调整工作，避免下肥上瘦和大头小尾的现象出现。

（2）篱架 这种模式架高 2 米，拉设 4 道铁丝。多采用双主蔓扇形整枝。这种模式成形快，结果早。结果 1～2 年后实行隔株间伐，把双主蔓间距拉大，即可以达到稳产结果的目的。这种架式整形方便，能大能小，可塑性很强。在南方 80 年代巨峰发展初期应用比较普遍（图 6-4）。

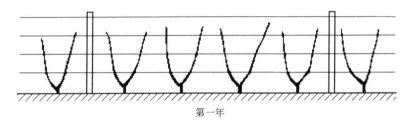

第一年

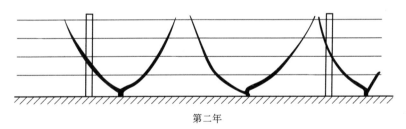

第二年

图 6-4　篱架双主蔓扇形

篱架管理要点：

① 利用夏季修剪，加快培养树形。

② 新梢绑扎宜采用上绑下吊的方法，使叶幕呈△形。

③ 冬季修剪幼树以中长梢结合为主，成龄树以中短梢结合为主。

④ 实行按架面层次留果，上部多留，中部和下部少留。

⑤ 及时采取株间间伐，防止架面郁闭。

(3) 高干T形 是篱架的一种,只是在整形方式上做了改进。目前,中国农业科学院郑州果树研究所在推广这种树形。

高干T形要求主干高1~1.2米,行距3~4米。水泥柱高度1.8~2.0米,在离地面1~1.2米处拉一道铁丝,再向上50厘米左右设一道横梁。横梁宽1~1.2米,两端各拉一道铁丝。定植后选留一根新梢作主干,长到离第一道铁丝10厘米左右时摘心,保留顶端两个副梢,向南北方向分开,呈一字形生长。第二年结果新梢向横梁两端的铁丝上引缚,成高、宽、垂形状(图6-5)。

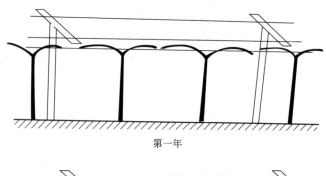

第一年

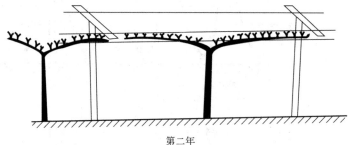

第二年

图6-5 高干T形(高、宽、垂)

提示板

高干T形管理要点:
① 利用副梢定植当年2~3次摘心,当年成形。
② 本架式树形适用于简易避雨栽培或篱棚架临时行种植。
③ 结果母枝定位定向。有条件时用双枝更新。
④ 梢果管理要严格,产量保持中等。

(4) 平棚X形 这是适合水平棚架的一种树形。在标准式连栋钢管大棚或8米宽的单栋大棚适宜推广应用。

这种树形在日本巨峰系葡萄栽培上应用广泛,被认为是符合自然生长规律的自然形整形方式。江苏镇江市与日本合资的葡萄园采用了这种树形,巨峰长势缓和,表现稳产优质,经济效益明显高于其他葡萄园,但这种大棚架的培养成形较慢，定植后1～2年没有产量或很少有产量，似乎又不太符合种植者早期利益要求。所以，在采用此种架式时，建议也用先密后稀的种植原则。其具体做法是：

6～8米宽的大棚中间确定为永久行，永久行再按5～6米的距离确定永久株，这样每亩有14～22株永久树。为提高早期效益，在大棚的两边设临时行，株距1～1.5米，中间永久行的永久株之间，也种植临时株。临时株、临时行一律采用篱架双主蔓扇形整枝，并且分2～3年逐渐间伐。

平棚X形培养过程是：架高2米，支柱间隔5米，棚面由铁丝按5～6厘米间距构成网格。定植当年单干直立，距棚面30～50厘米时开始分为2叉（2个主蔓），每叉距离1～1.5米时再各分出2个副主蔓，共2条主蔓，4条副主蔓，俯视呈X形。各副主蔓占领固定的一部分架面，副主蔓上培养侧蔓，侧蔓上培养结果母枝，新梢呈水平状，果穗全部下垂生长（图6-6）。

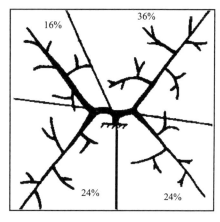

图6-6　平棚X形

五、葡萄架材的设置

1. 架材的选择

葡萄架材包括支柱、边柱、横梁、铁丝、锚石等部分组成。架材的选择要因地制宜、就地取材，以经济实用为目的。

支柱可用石柱、竹柱、木柱、水泥柱、金属柱等。水泥柱的制作成本较高，但牢固耐用。因此，大棚葡萄应用最多。水泥柱在葡萄架材的用途上分为中柱和边柱。中柱是埋植在葡萄行间，起一个支撑、拉铁丝的作用。边柱是埋植在葡萄行的两端，除起到中柱的作用外，还要承受整条葡萄架面的拉力。因此边柱比中柱的浇制规格要高一些。

一般作为中柱的水泥柱，粗度为12厘米×12厘米，或12厘米×10厘米。柱中间要设置直径4毫米钢筋4根，扎紧，长度为2.8～2.9米。边柱粗度为14厘米×14厘米，柱中间放置与中柱相同的钢筋，长度为3.0～3.1米。

木柱、竹柱可就地取材，规格是直径10～12厘米，长度2.7～2.8米，埋土前要用沥青涂抹入土部分（一般为60厘米）。金属柱在日本使用比较普遍，国内使用得很少，其牢固性最好，但在使用时入土部分必须用水泥浇制，否则难以使用。在山区和丘陵地带，还可以就地采石，做成石柱或石条。其粗度比水泥柱要大一些，长度据用途而定，一般2.8～3.0米。

在棚架中还需要横梁，选用材料和支柱相同，选用石、竹、木、金属材料和水泥柱均可。横梁的粗细以棚架的跨度大小而定。篱棚架属于小棚架的一种，用8厘米×8厘米粗的钢筋水泥柱和8～10厘米直径的竹柱均可。平棚架X形整枝，属于大棚架，其横梁最好选用12～16毫米的螺纹钢。

锚石是为固定铁丝而用，埋设在边柱的旁边。不论是篱架还是棚架，都离不开它。锚石的材料大多用石块，没有石块时可用断头水泥柱、断石条等。有水泥明沟的地方，也可以在沟壁上打洞，直接把攀桩线紧固在沟壁上。

2. 架材的设置

篱架要求每隔4～6米设一支柱，水泥柱埋土部分在沿海地区要达70厘米，内陆地区可浅一些。竹柱、木柱作支柱时，埋土部分60厘米。棚架支柱距离4～5米，横梁顺主蔓延伸方向架设，然后在横梁上每隔50厘米左右拉一道铁丝。

边柱的设置要与锚石的埋植同时进行。先将边柱向外侧倾斜，深埋70～80厘米。然后将紧扣双股8#铁丝的锚石深埋填土压实，再把锚石上的两股铁丝，一股扣住边柱的顶部，另一股扣住边柱的中部，拉紧即可。棚架两边的第一根横梁就设在边柱上（图6-7）。

篱架是边柱与中柱埋好即可架设铁丝。棚架架面的铁丝要等横梁安装好以后才能架设。

大棚篱架一般要求架设4道铁丝，第一道铁丝离地面60厘米，以上三道铁丝的距离是45～50厘米。篱棚架第一道铁丝离地面70厘米，在篱架上拉设3道铁丝以后，在棚架上还要拉设3道铁丝，一共设6道铁丝。在篱棚架的篱转棚处有个45°的仰角，使棚架部位抬高，以利于篱棚转弯处的通风透光。

葡萄架上应用的铁丝，必须是经过镀锌处理的。根据用途可选择不同规格的铁丝。一般负载量大的大棚架，宜采用4毫米粗的8#铁丝。篱架、篱棚架负载量较小，可采用3.4毫米粗的10#铁丝。幼龄树也可以用2.7毫米粗的12#铁丝或2毫米粗的14#铁丝。

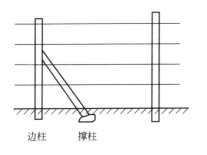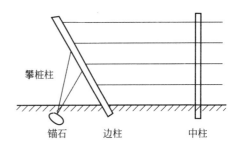

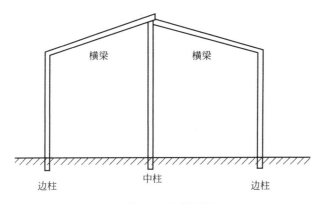

图 6-7 架材埋设

平棚 X 形架因架面大，按照整形要求在种植行的顶部约 100 厘米大小的空间不设铁丝，一方面是有利于加密株的篱架整形，另外，X 形主蔓分叉处用不着铁丝。临时行、临时株按篱架要求，在定植当年夏天铁丝就要拉好。

高干 T 形架设有 3 道铁丝，夏天拉好下部一道，冬天修剪前后再拉好上边横梁两端的 2 道铁丝。

第二节　葡萄定植当年管理技术

大棚葡萄定植后翌年产量的高低，决定于定植当年的管理水平。管理到位，第二年均能获得一定的产量和经济效益，而且给今后的稳产优质奠定了基础；管理不好，第二年仍然是株小苗。所以有实践经验的经营者都十分重视葡萄定植后当年的管理。

一、土肥水管理

葡萄的管理，土、肥、水是基础。土肥水管理工作不仅很重要，而且很复杂，必须坚持科学管理才能达到目的。

1. 土肥水管理目标

土壤既是肥、水的载体又是葡萄根系赖以生存的基础。土壤管理要从建园时开始做起，比如深挖定植沟、施足底肥、三沟配套等，但这还不够，必须从定植后的第一年开始，以改良土壤为主线，以合理的肥、水管理为手段，以培养健壮的葡萄树势为目标，按照大棚葡萄的生理生化特点，做好每一年、每一阶段的管理工作，最终使大棚葡萄园的土壤达到深、肥、松的要求。

2. 土肥水管理要求

(1) 薄肥勤施 葡萄发芽后，由于根系浅根量少，对定植沟的底肥吸收不到。为了促进幼苗旺长，发芽后应及时追施氮肥。追肥的原则是先稀后浓，先少后多，少量多次。方法是开沟施入。施肥沟离开根系要有一定距离，同时要做到肥水结合。后半年，苗木达到一定生长量后，追肥次数可由原来的 15～20 天一次，改为 20～30 天一次，追肥量适当增加，肥料种类要增加磷、钾肥。

及时施用叶面肥，或是在喷药时加入适量尿素、磷酸二氢钾、光合微肥等，既促进了植株生长，又保证了树体健壮，对促进花芽分化等都可起到一定的作用。

(2) 施足基肥 定植当年的秋季，一般在 9 月中旬，即可开始施用基肥。施肥方法是在离开树干 50～80 厘米的根系集中分布区内，挖宽 60 厘米、深 60 厘米的条沟。当年最好把施肥沟挖在葡萄永久行的外侧，每亩施入腐熟猪、牛粪 5000～6000 千克、磷肥 100～150 千克。施肥时注意生熟土交换，把生土填入沟底与有机肥拌匀。如果是干旱天气，施基肥结束后应立即灌水。

(3) 合理排灌 葡萄苗定植后如不覆盖地膜，应注意经常浇水。在丘陵山地最好采用"偷浇水"的方法。即在葡萄行边挖一条沟，浇水后埋土，这样既节约用水，又避免了水分的蒸发。长江中下游地区的梅雨和伏旱是两个连着的灾害性气候。梅雨季节雨水太多，要注意及时排水，出梅后高温干旱，又要注意及时浇水。一般伏旱季节幼苗生长缓慢，有时叶片会出现枯黄症状，这都与高温缺水有关。

(4) 清耕与覆盖相结合 大棚葡萄因为生长期要追肥、浇水等，所以，无论是促成栽培还是简易避雨，都只能实行季节性覆盖。从防草和降湿作用来看，覆盖地膜较好；但从改良土壤和降低地温角度出发，以梅雨季节覆草为好。大棚葡萄定植当年为节约成本，大部分不搭棚或有大棚却不覆膜，这等于在露地栽培。所以，种植后春季覆膜，夏季覆草，秋季结合施基肥，把覆盖的稻草施入地下，在初冬进行深翻，这种管理模式有利于土壤的改良和幼苗的生长。

二、树体管理

1. 抹芽

葡萄苗发芽以后，根据整形的要求，除保留 1～2 个芽子外，其余全部抹除。抹芽要分批、分期进行，尽量选留低节位的萌芽。瘪芽、不定芽首先要抹掉，双芽中只能保留一个。

2. 及时绑梢

俗话说"要想长，朝上绑"。葡萄新梢长到 50～60 厘米时，就开始绑梢。否则就不利于生长。因此，在绑梢前，架材的设置要到位，并且把铁丝拉好。对于达不到铁丝高度的新梢可以先吊起来，等生长高度达到后再行绑梢。

3. 合理利用副梢

葡萄产量的形成，主要是光合产物的积累，大棚葡萄定植当年，由于单株新梢生长量少，叶片少，叶面积系数低，不利于光合产物的积累，因此一般情况下翌年产量较低。定植当年夏秋季管理中多留副梢叶片是提高第二年产量的重要措施。

多留叶片，就必须多留副梢。而副梢多留、少留，留在什么部位上，都要紧密结合架式与树形的要求。下边结合不同架式与树形的培养，分别加以叙述。

4. 按设计培养既定树形

(1) 篱棚架 定植后选留两根新梢做主蔓，呈倒八字形绑缚。如果葡萄苗只生出一个新梢时，必须在 50 厘米时摘心，利用顶端 2 根副梢作主蔓。当新梢超过第一道铁丝 10 厘米左右时，新梢长度约 80 厘米（篱棚架第一道铁丝离地面 70 厘米），对新梢（主梢）进行摘心，并保留摘心口下面的 3 根副梢。这 3 根副梢的方向不一样，用途也不一样。顶生副梢向上延伸，作主蔓培养，两个侧生副梢一左一右，各自平行沿铁丝向前生长，作为翌年结果母枝（其着生部位要接近铁丝部位）。其余副梢统一保留 1 叶摘心，基部 40 厘米以内，副梢抹光。第一次主梢摘心后当延长副梢又长出 50 厘米左右时，先行绑梢（绑在第二道铁丝上），再行第二次摘心，方法与前边一样。这时第一次摘心后的侧生副梢已达到 7～9 叶，要同时摘心。对叶腋中的二次副梢叶片均留 1 叶，摘心口仍保留 1 根副梢继续生长，长到 4～5 叶再行摘心。

值得注意的是：作为结果母枝培养的侧生副梢不能直立绑，先是任其自然下垂生长，等其"低头弯腰"时再绑在铁丝上。做主蔓延长梢的副梢要直立向上，经过 3 次摘心（生长到第三道铁丝）后就要开始促进加粗生长。方法是主蔓延长梢不再向上绑扎，使其自然下垂，促使先端养分回流，加深花芽分化。

此种整形方式当年可达到成熟长度 1.5 米以上，具有 2 根主蔓，每主蔓有 4~6 根结果母枝，翌年单株产量均在 5 千克以上（图 6-8）。

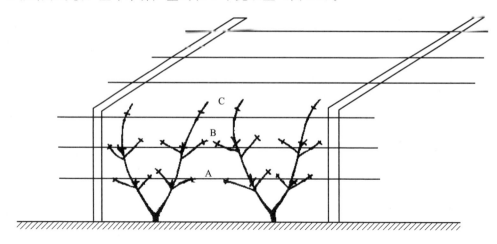

A.第一次摘心处　　B.第二次摘心处　　C.第三次摘心处

图 6-8　篱棚架双主蔓小扇形定植当年夏季整形

（2）篱架扇形　定植当年的新梢管理及副梢培养与篱棚架一样。只不过单臂篱架第一道铁丝离地面 60 厘米，第一次主梢摘心的时间比篱棚架略早（图 6-9）。

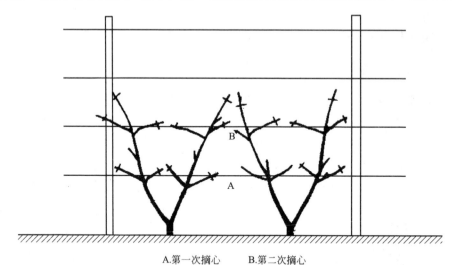

A.第一次摘心　　　　B.第二次摘心

图 6-9　篱架双主蔓小扇形定植当年夏季整形

（3）高干 T 形　苗木发芽后保留一根新梢做主干，达到 100 厘米或 120 厘米时摘心，保留顶端 2 根副梢，向第一道铁丝上南北向引缚，作为主蔓。其下副梢均保留 1 叶摘心。第一次摘心后的 2 根副梢长到 30 厘米左右时，进行第二次摘心，只保留摘心口的顶生副梢向前延伸，其余侧生副梢均留 1 叶重摘心。秋季落叶前两条主蔓成熟长度各达 70~80 厘米，第二年冬季实行隔株间伐后，通过修剪再使主蔓向前延伸，最后达到 1.5 米左右的长度，并在每条主蔓上培养 10 个左右的结果枝组（图 6-10）。

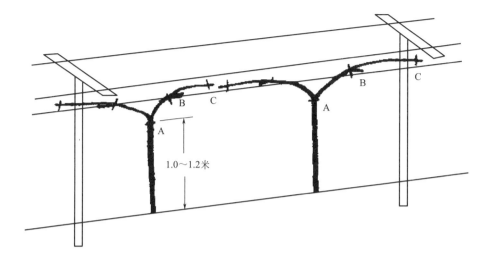

A.第一次摘心　　　B.第二次摘心　　　C.第三次摘心

图 6-10　高干 T 形定植当年夏季整形

（4）平棚 X 形　定植后保留 1 根新梢作主干，离地面 1.5~1.6 米时摘心。摘心口留 2 根副梢，形成二分叉，作为主蔓。每条主蔓再形成 2 条副主蔓。培养副主蔓用的新梢要控制加长生长，到 7~9 叶摘心，并保留部分副梢及副梢叶片。冬季修剪时每条副主蔓保留 1 米左右长度修剪，副梢短剪以培养侧蔓和结果枝组（图 6-11）。

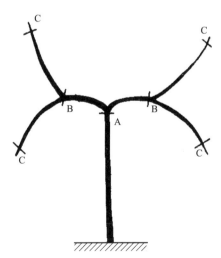

A.第一次摘心　　B.第二次摘心　　C.第三次摘心

图 6-11　平棚 X 形定植当年夏季整形

第三节　成龄树周年管理技术

大棚葡萄年生长周期中的物候期与露地栽培不同。不仅是时间上的提早，而且在管理工作的内容上也不一样，甚至差异很大。例如温度的管理，这对于露地栽培简直是一项顺其自然的事情，一般用不着去做什么调控工作，但对于大棚葡萄却是一项重要的工作内容。

大棚葡萄年周期内的管理工作从内容上分为树体管理与地面管理两大部分。树体管理包括冬季修剪、夏季修剪、花果管理、防病治虫等。地面管理有浇水、施肥、松土、覆草等。这些地下地上的管理工作中还包括了温、湿、光、气的综合调控。从时间上看，一年四季，春、夏、秋、冬都有其各自的工作重点。为了叙述方便，本章以休眠期与生长期为界，分别介绍具体的工作内容与技术要点。

一、休眠期管理技术

大棚葡萄的休眠是指葡萄自然落叶后到大棚覆膜后的这段时间。在南方大约是自12月份到翌年2月下旬，也是南方大部分地区气温最低的阶段。

1. 管理目标

为全年大棚葡萄管理奠定基础，做好覆膜前后的各项工作。

2. 主要工作内容

(1) 冬季修剪　塑料大棚在12月下旬开始，翌年1月上旬结束。冬季修剪的目的在于培养和维持好树形，使结果枝在植株上达到合理分布，方便全年的各项管理工作，达到稳产优质的目的。

大棚葡萄在冬季修剪过程中，有一项重要的任务，就是结合修剪进行清园。清园内容包括剪除病枝、残桩、果穗梗、卷须和绑扎用的绳子等。成龄树还要剥树皮，让树干冻一冻，以减少病虫害的发生。上述这些工作有的在修剪过程中就附带完成，有的需要专门安排去做（如剥树皮），但要在南方最寒冷的季节内完成。

葡萄修剪以后，接下来就是用石灰氮破眠。从试验研究中得知，破眠效果在12月中旬最好。但对于南方大棚葡萄来讲，12月中旬冬季修剪还没有完全结束，因此石灰氮的处理要晚于这个时间。一般日光温室在12月下旬，塑料大棚在1月上旬进行破眠处理。实践证明，在这个时候应用石灰氮破眠，效果也比较好。

（2）平整土地　大棚葡萄冬季修剪以后（包括清园和破眠），紧接着的工作就是平整土地，为大棚覆膜做准备。该项工作主要有两方面的内容：一是对棚内冬季深翻过的土地耙细整平；二是将葡萄园内的沟系进行一次大的疏通和清理。入冬后深翻过的土地经过冻融交替，南方又多雨水，土壤容易熟化，平整起来比较容易。在冬季修剪中踏硬板结的地块，要重新深翻后平整。

在建园一节中提到南方平原地区规划建立葡萄园时，要实行三沟配套。这三沟是毛沟——大棚之间的沟系；腰沟——地段之间的沟系；围沟——葡萄园周围的沟系。南方的冬春季雨水较多，大棚覆膜后棚内需要较高的温度催芽，所以就需要降低地下水位，维持地面不能太湿。因此，在覆膜前必须进行清沟理沟。

（3）大棚覆膜

① 准备工作　包括检查修理大棚有无缺损（架材的检修宜在冬季修剪以前进行），准备覆膜要用的材料及工具等。覆膜前7～8天要浇一次水（如果下中雨或大雨就不需浇水），等棚内土壤表面露白时覆膜薄膜规格与使用量见表6-2。

表6-2　薄膜规格与使用量

规　格		每千克长度 /厘米	每栋大棚使用量 /千克	备　注
厚度/毫米	宽度/厘米			
0.065	8	1.96	22～25	按标准棚长30米、宽6米计算,如用旧膜可节省膜约1/4
0.08	8	1.60	28～30	
0.10	8	1.26	33～35	

② 覆膜时间　要根据栽培模式与目标确定。塑料大棚促成栽培，宜从1月下旬开始，到2月上旬结束。

提示板

　　覆膜时间太早，并不利于葡萄的早发芽、早开花、早成熟，还会因休眠不足，带来葡萄生理障碍。尽管使用石灰氮，也不能完全解决。覆膜时间太晚，葡萄的物候期比露地栽培早不了几天，提早上市的目标就达不到。因此，选择合理的覆膜时间也是很重要的。

③ 覆膜顺序　覆膜要选择无风天气进行。面积较大时把人员划分成若干作业小组，一般每小组5人，4人分别在大棚两侧拉膜，上卡条，1人在大棚中间用竹竿（顶端用布条包扎成小球形）把薄膜摆正。等两侧卡条上好后，再用压膜带拉紧、扣牢，最后把两端的门档及门封好。

覆膜后不要立即关门升温，开始3～5天，要白天开门，夜间关门，以后就全棚封闭，开始增温保温。

④ 覆膜注意事项　覆膜前认真阅读塑膜使用说明及使用方法，认定厂家地址，以便在使用时发生质量问题能及时取得联系，尽早解决。

a. 覆膜上棚时，应张紧、摊开，切勿局部拉伸和叠层使用。

b. 大棚骨架上应无毛刺和锋口，并缠上保护层，以防损伤棚膜和加速棚膜局部老化，禁止与油漆接触。

c. 薄膜使用环境－30～40℃，遇灾害性天气，应采取防护措施。

d. 铺膜时，要把印字面放在外面，即从棚外观察为正字即可。

二、发芽后的管理技术

自葡萄发芽开始到落叶，统称为生长期。大棚葡萄的生长期从时间上划分是自3月上旬开始，到11月底结束。这个时期的管理工作内容丰富，难度大，意义十分重要。其管理工作的好坏，不仅影响当年的收益和树势，而且对第二年产量形成、坐果好坏、产量高低、品质优劣都起到一个基础作用。生长期的管理技术，有些方面时间性很强，必须严格按规定时间完成，否则将影响工作的效果，造成一定的损失。

1. 抹芽

大棚葡萄自覆膜后，一般20～30天萌芽。萌芽后分2～3次抹芽，幼树、徒长树晚抹轻抹，成龄树、中庸树早抹重抹。

2. 除梢、定梢

进入生长期以后，由于温度的升高，生长速度加快。这时要把抹芽后保留下来的新梢去掉一部分。第一次除梢时间在花穗显露期，并且不宜太重，以防留下来的新梢发生徒长。一般成龄树分两次除梢，对于结果稳定、长势中庸的品种和树势，第二次除梢就是定梢。定梢时间不宜太早，原则上在花穗整形前。徒长型树势定梢宜在花后，等坐果后结合疏果进行。

3. 及时绑扎新梢

新梢绑扎是新梢整理的重要内容。当部分新梢长度超过 50 厘米时就要开始绑梢。绑梢工作要结合定梢及主梢摘心、副梢处理等交叉进行，最晚在幼果期结束。不同架面部位的新梢采取不同的绑扎方法，篱架架面按照上绑下吊的方法，把第一、第二道铁丝上留的新梢按不同的角度吊向行间，第三道铁丝上的新梢直立绑。在第四道铁丝上，实行以产压势的方法控制其顶端优势。篱棚架的新梢绑扎，注意篱架部分以吊为主，棚架部分以绑为主。通过绑扎，做到架面上的新梢疏密有度，各有各的空间，各有各的出路。

绑扎材料有多种，麻线、蔺草（先压扁后再放在热水里泡 10 分钟后用）、塑料包扎线、旧布条等均可。新梢绑扎时，结合把卷须去掉。

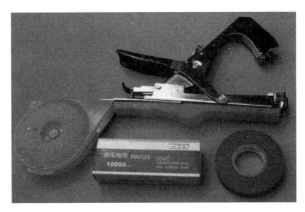

图 6-12　绑梢（蔓）器

提示板

绑扎用双套结方法，绑扎时注意对新梢不能勒得太紧，以防新梢加粗后被绑绳勒断，铁丝部分要扎紧，保证新梢不再移动，目前有绑梢器出售，可大大节约劳动力（图 6-12）。对旺长新梢，花前绑扎以后，到果实膨大期还需再绑一次，以保证新梢中上部的延伸按规定方向生长。

4. 其他管理

（1）及时浇水　葡萄萌芽后到开花前要浇水 2 次，水量不宜太大。浇水后及时松土，保持土壤湿润。发芽后到开花期禁止追肥，但可以结合用药叶面喷肥。

（2）及时给大棚通风换气　萌芽后每天坚持 1～2 次，随着温度的提高，新梢迅速生长，每天通风时间增多。开花期以前，白天退掉裙膜，傍晚再覆上裙膜，以利夜间保温。这个阶段的大棚的管理比较复杂，总体上是前期防低温为害，后期是防高温为害。要以水调湿，以湿调温。此期突发性气候较多，有时一日三变，早晨像夏天，中午像秋天，下午像冬天。气温也会出现反常现象，如中午的气温不如早晨高等。因此，要及时随天气的变化，做好大棚葡萄的防寒降温工作。

（3）使用光合微肥 1～2 次，花前 7～10 天和初花期各用一次。

三、开花期前后的管理技术

这是葡萄生长期管理工作中的重要阶段，其管理目标是稳定树势，合理利用光照及温湿度条件，调节树体营养，处理好植株营养生长与生殖生长的关系，提高葡萄开花坐果率，为稳产优质奠定基础。

1. 促进花期一致的技术措施

开花期的长短与整齐度，不仅取决于树体贮备营养的多少，还在于花期以前的树体综合管理。从物候期来讲，早发芽、早生长就会早开花。一株树上的芽眼，总有先发后发，一株树上的新梢总有势壮势弱。

（1）要做到开花整齐，就必须先做到新梢生长整齐。因此，在开花前 7～10 天，要结合定梢或除梢，对枝梢进行一二次疏除，除掉生长势太旺和太弱的两类梢。尽量保留长势一致的中庸新梢。对选留新梢时个别难度大的旺梢（如在空缺部分留预备枝等），可采用扭梢的方法使其长势缓和，争取与中庸梢一致开花。

扭梢方法比花前早摘心，效果明显。这是从桃子、苹果夏季管理中借用过来的方法。其技巧是用手指捏紧新梢的中下部，向外旋转 90～180°。不要用手去弯枝，以免把新梢折断。

（2）通过花穗整形也能够促使开花期接近。整花穗以前要先疏花穗。除把弱梢上的花穗去掉以外，双花穗一般也只保留基部第一花穗。因为第一花穗分化时间长，出生又早，物候期易接近一致。大花穗、中花穗通过整穗后保留中间部分，可缩短花期 2～3 天。对于发芽晚的新梢，如果总体上花穗够用时，就要把这类新梢上的花穗拿掉。

（3）光照与温、湿度的管理可促进开花整齐一致。日光节能型温室在北墙与东西山墙附近各有一块低温区。加热炉附近的温度最高，随加热管道的距离远近又形成一个梯度。塑料大棚无加温设备，其温度的来源主要是依靠阳光的照射。因此，形成了弱光区（即低温区）的规律。大棚两边及门口因受通风换气的直接影响，冷暖变化较大，物候期进度不太整齐，为减少这些差异，生产上提倡早春发芽前在葡萄树下铺盖地膜，通过提高地温，来缩小气温高低的差距。

2. 提高开花坐果率的技术措施

（1）葡萄开花期，正处于树体养分的临界期。上年通过秋季管理贮备在植株枝、芽、干、根中的营养物质，在经历了发芽、新梢生长（包括主梢、副梢的生长）以及当年的芽眼分化以后，已经所剩无几。而当年由于叶幕的尚未形成，其光合产物又不多。就在这种树体营养入不敷出的阶段中葡萄要开花坐果，无疑是造成大量落果的直接原因。因此，在枝梢管理上采用"开源节流"的方法，是相当重要的。

开源就是充分利用光照条件，提高光合功能，同时应用其他方法，补充矿质营养（包括浇水等）以增加树体养分。

节流就是除梢、整花穗以及主梢摘心和处理副梢等。实践证明，无论是任何品种，哪一种栽培模式，主梢摘心，对提高坐果率的作用都是明显的。

在生产上，有一种做法是主梢摘心和处理副梢分期去做，这对于中庸树或坐果结实稳定的树势也未尝不可，但效果不如两者结合在一起明显，特别是树势旺盛时，只摘心不处理副梢还不能达到提高坐果率的目的。

（2）通过副梢处理及绑梢，使每个花穗都能见到阳光，这也是提高坐果率的关键，藏在叶丛中间的花穗往往落花落果最重，还容易感染灰霉病等。

（3）花期前后灰霉病与轴枯病的防治十分重要。特别是在阴雨天多、气温低、湿度大的情况下更容易发病。结合防病用药，在花前及初花期喷硼砂或磷酸二氢钾，也能起到提高坐果率的作用。结合防病，还要用好1～2次杀虫药，防治葡萄透翅蛾。

3. 地面及其他管理

（1）**湿温度管理**　葡萄开花期，对大棚内的温湿度要求比较严格。温度太高，天气干燥，花粉柱头的分泌液很快干燥，不利于授粉受精；温度太低，花粉发芽率低，更不利于坐果。合适的温度是在 25～30℃左右。有的葡萄品种在温度偏高的情况下才能坐果良好，如巨峰在 25℃以下坐果不良，适宜的温度是在 30℃左右。合适的湿度有利于花粉的发育和传播，在良好的环境条件下，大棚葡萄的花期为 5～7 天，如遇不良环境或树体管理不好，花期长达 13～15 天。

（2）**其他管理**　在南方，大棚葡萄开花期间的温度还比较低。所以，大棚裙膜此时要做到昼放夜覆，以提高大棚内的气温和地温，有利于开花受精。白天不仅晴天时完全打开裙膜，阴天也要打开裙膜，注意放风透气。有干热风时，白天棚内喷水，提高空气湿度。

四、幼果期管理技术

这个阶段从幼果第一次膨大开始，到果实着色期。中熟品种大约从 5 月上旬到

6月中旬，早熟品种自5月初到6月初。晚熟品种从5月下旬开始，到7月中旬结束。这个阶段的管理目标是：培养合适的叶幕、适宜的叶穗比例、促进葡萄果实的生长。同时通过培养副梢，从组织上为翌年的结果做好准备。

1. 及时疏果

盛花末期以后，遇到大风天气，会发现有大量花冠及未受精的幼果脱落。有时开花不落粒，用手指弹动穗梗时才纷纷落下，这说明落果即将开始。如果摇动果穗落果较少，这意味着开花坐果不一定正常，可能以后会出现一部分"中粒"。葡萄落花落果是一种正常的生理现象，落果是果实膨大的开始。

等落果基本结束，就要开始疏果。要先疏穗后疏粒。按照计划产量，按照穗重和果粒的大小设计每亩土地（或每栋大棚）的留穗量与每穗葡萄的留果量。一般大粒大穗型，按平均750克穗重计算，每亩地保留1500～1800穗，每穗保留60～80粒（粒重≥10克），计划产量1000～1250千克（如无核白鸡心、里扎马特等）；大粒中穗剩品种按每穗重500克计算，每亩地保留2000～2500穗，每穗果粒40～50粒，计划产量1000～1250千克（如巨峰、藤稔）；中粒中穗型，按穗重400克，粒重平均7～8克计算，每亩地留2500～2800穗，每穗留果50～60粒，计划每亩产量1000～1200千克（如秋红、8611等）；小粒小穗型品种按每穗重200～250克，粒重平均3～4克计算，每亩地留3000～3500穗，每穗留果60～80粒，计划产量750千克左右（如喜乐、金星无核等）。需要说明的是，在露地葡萄栽培中，流行着一种按枝势留穗的方法，即所谓壮枝留2穗，中庸枝留1穗，弱枝不留穗。在大棚葡萄中，除小粒小穗型的品种外，其余品种概不要1枝留2穗。

目前葡萄生产上存在着一种果粒与果穗越大越好的观点。巨峰、藤稔追求穗重800～1000克，无核白鸡心和里扎马特追求穗重2000克，这种大穗大粒的做法对提高葡萄品质是十分不利的。

果穗疏粒时，无核品种先疏，有核品种晚疏。有核品种中有的品种无大小粒现象，可以先疏，有的会出现大小粒现象，可适当晚疏。如里扎马特要等到黄豆大小时才能分辨出大粒小粒，如疏粒太早，就会把一部分小粒留下，影响果穗的整齐。

2. 适时套袋

套袋可以保护果穗，防止病虫害及空气中灰尘的污染，使果穗更加艳丽光洁。特别是在南方地区，雨水多，湿度高，尽管采用大棚栽培，葡萄成熟季节还是容易发病。特别是欧亚种葡萄本身抗病性较差，如不实行果穗套袋，仍然无法控制病害的流行。当前生产上使用的葡萄袋有多种类型。为节约投资，果农们用报纸、刊物自己制作葡萄袋，虽有着成本低的优点，但效果却不理想。报纸袋透光率差，使直射光品种着色困难。山东龙口及天津、北京都有商品性葡萄专用袋出售，规格、型号也较齐全，进口"佳果袋"制作精良，但价格较高，上海松江等地从青岛梅王纸业有限公司购进木浆纸，每吨可做 20 万个葡萄袋，每只袋价格 0.15 元左右。表 6-3 为套袋葡萄与不套袋葡萄年产值、利润比较。

表 6-3　套袋葡萄与不套袋葡萄单价、产值、利润比较

（上海马陆葡萄研究所朱华丽，1999 年）

品种	套袋葡萄			不套袋葡萄			效益增加	
	产量/千克	单价/元	亩产值/元	产量/千克	单价/元	亩产值/元	套袋成本/（元/亩）	增值/元
巨峰	1500	4.00	6000	1500	2.00	3000	500 元（3000 只纸袋加套袋人工费）	2500
藤稔	1500	5.00	8400	1500	3.00	4500	500	3400

提示板

　　套袋时间应该是在落果结束后、幼果开始膨大时，越早越好。但因为这个时期的管理工作比较繁忙，所以要等到果粒如蚕豆大小时套袋。套袋前先要用一次杀菌剂加杀虫剂，让果穗带药入袋。

　　套袋比较费工。一般每人每天套袋约 2000 只左右，篱架葡萄套袋后为防日烧，可设法让葡萄袋上面有一张叶片，到果实采收前 15～20 天拆袋促进果实着色。

3. 培养和利用副梢

　　幼果生长期，也是枝叶的建造期、叶幕形成和定型期。到果实软化期，合理的叶穗比例、叶果比例必须形成。疏穗疏果也是为形成合理的叶穗比、叶果比做准备。根据调查，大棚葡萄的叶面积系数适宜在 1.5 左右，也就是说每亩大棚葡萄的叶面积控制在 1000 平方米左右。按照一般每亩留梢量 3000 根计算，每根新梢的叶片数要达到 8～15 片。即每亩地具有 4 万～5 万张叶片，每片叶平均分担 1～2 粒左右的葡萄营养。

　　葡萄叶片的数量，仅花前主梢摘心时保留的叶片是不够的，因此要在花后幼果期利用好副梢叶片。副梢叶片同主梢叶片一样，也有一个从异养到自养到营养输出的过程，但因为副梢叶片生长时期的温度、光照都比较适宜，所以幼叶到成叶的速度很快。

　　在生产管理中，副梢还有另外一种用途，就是培养翌年的结果母枝。这对于大棚葡萄的丰产稳产有着相当重要的意义。

4. 环剥

促进果实成熟的环剥是在果实软化期开始。适时、适度的环剥对葡萄提早成熟和含糖量的提高，都有一定的促进作用（表 6-4）。

表 6-4　环剥对温室葡萄含糖含酸量的影响

品　　种	京　秀		871	
	处理	对照	处理	对照
可溶性固形物/%	14.8	13.9	14.5	12.1
增糖/%	+0.9		+2.4	
含酸/%	0.64	0.72	0.72	0.84
降酸/%	−0.08		−0.12	
糖酸/%	23.2	19.3	20.1	14.4

提示板

促进果实成熟的环剥是在结果母枝上进行。根据母枝的粗度和新梢生长的势力，环剥宽度掌握在 0.3～0.5 厘米左右。环剥的作用只局限于环剥口上方的结果枝，果穗不宜超过 3 穗，只有 1～2 穗时环剥效果最好。

环剥口要在环剥后 20～25 天内愈合。环剥时不能藕断丝连，要剥到韧皮部，不要用手指去触摸环剥圈内的形成层，以防对伤口愈合不利。

树势中庸的树和产量超负荷的树不宜环剥。无核果可以在坐果后与果实软化期进行两次环剥，环剥后叶面喷施磷酸二氢钾或光合微肥，能提高果实着色与糖分的积累。

5. 土壤与其他管理

花后进行追肥、浇水，补充适量的氮肥和磷钾肥，十分必要，这次追肥叫膨果肥，施肥后接着浇水，以水调肥，促进果实膨大。果实着色期再施一次钾肥，对提高葡萄品质、增加着色度与含糖量，效果比较明显。

果实膨大肥的使用时间在无核葡萄及中庸树势上，宜早不宜迟，落花期即可进行；对结实率不稳定及旺长树，宜迟不宜早，等落果基本结束后进行。氮磷钾的搭配，也要因树势、产量、品种而定，施肥方法采用沟施比较安全。

葡萄花后幼果期的生长，需要土壤有较高的湿度，因此可采用小水勤浇的办法，以防浇大水后遇暴雨造成果实裂果。出梅后高温天气，要采用覆草法降低地温。出梅前及时做好防高温的准备。

在防治病虫害方面，幼果期在套袋以前用好 1～2 次药对白腐病、白粉病、介壳虫等进行防治。果实采收前拆袋后一般不再用药。

五、果实成熟期管理技术

葡萄果实从开始着色到充分成熟，为成熟期。葡萄的成熟需要足够的积温和较高的日间温度（20～25℃以上）与较低的夜间温度（15～20℃），在30℃以上高温条件下成熟时，含糖量降低，但果糖的比例却相对增加。所以，鲜食时滋味有甜感。酸含量的变化与成熟度及温度有密切关系，随果实的成熟，酸的含量减少。成熟时温度高，则含酸量少；温度低，则含酸量高。高温脱酸的现象对南方地区的大棚葡萄是有利的。葡萄的着色与糖度有一定的关系，大多数品种其糖度超过8％才开始着色，着色既受温度的影响，又受光照的影响。试验证明，树体温度30℃比20℃时的花青素含量明显减少，果实温度若高于15℃，花青素含量也随着减少。若植株与果实均保持在30℃，则形不成色素。在温度过高的条件下，葡萄果实即使糖度高，着色也不充分，这种现象在南方地区比较普遍。

本期管理工作的目标是控制好温度、增加光照强度，利用一切栽培措施，提高光合作用效率，减少营养消耗，促成果实糖度和着色度的提高。

1. 温、湿、光的管理

葡萄进入成熟期，正是南方高温少雨的天气，白天往往出现35℃以上的高温。因此，控制和预防高温伤害是第一件要事。葡萄成熟的时候，需要土壤干燥的条件，特别是欧亚种葡萄有着喜欢在干旱冷凉气候条件下生长的特性。但欧美杂交种葡萄不同，它喜欢湿润的土壤和较湿润的气候，在同样的高温条件下，或者经历了同样的高温时间，欧美杂交种的叶片就会出现灼伤，而欧亚种则没有这种现象，因此对两个系统的品种要分别管理。一个是不干不浇水，一个是定期浇小水。这个时期南方各地区，特别是沿海地区是多台风、多暴雨的季节，有时会有一个小时降水几十毫米到一百多毫米的天气，如果大棚内长期干旱，突遇暴雨后土壤水分骤变会造成果实裂开。如果大棚内浇水不看天气，白天浇了水夜间又下了雨，土壤水分饱和，葡萄果实也会裂果。所以这个阶段的土壤湿度管理务必谨慎。

为提高棚内光照强度，在葡萄着色期棚内铺设反光膜是十分有益的工作。据辽宁介绍，在日光节能型温室中张挂反光幕，在距离3米以内，地面增光9％～40％，距地面0.6米高处增光率8％～43％。

2. 剪梢与摘老叶

在充分成熟以前，把架面上影响光照的副梢剪去一部分，以改善架面光照。同时有许多嫩梢嫩叶与果实争肥争光，对葡萄成熟也不利。但不能剪梢太重，以不伤及半成叶为准。

在成熟期，把果穗部位的老叶摘掉，同样有着减少营养消耗的作用。去老叶可分两次，一次在果实着色期，一次在果实充分成熟前。

3. 叶面补肥

在果实软化期地面追施钾肥以后，还要在果实成熟期及采收期进行 1～2 次叶面补肥，其种类主要是磷酸二氢钾。

4. 注意采收质量

每一个品种都必须在充分成熟后才表现出固有的品质特点。如京亚葡萄，果皮初上色时糖度只有 10 度左右，果皮发黑以后糖度才 12～13 度，只有等果蒂部位变黑后果实糖度才上升到 14 度，这时候只能作为采收的开始。葡萄上色，并不等于成熟。"红了就是熟了"的概念是错误的。当前生产上存在着比较严重的采生现象（提前采收），这给葡萄市场造成了混乱，给消费者带来了不好的印象。葡萄品质的标准与葡萄采收标准，同第五章温室葡萄的果实采收与包装。

六、果实采收后管理技术

果实采收后的管理是从秋季到冬季，从采果结束到落叶。从管理内容上说，包括秋季管理和冬季管理两个阶段的工作；其中以秋季管理中的施基肥和冬季管理中的整形修剪工作量最大，时间也最长。南方大棚葡萄周年管理工作历如表 6-5 所示。

表 6-5 南方大棚葡萄周年管理工作历（以中熟品种为主）

月份	物候期	温度 /℃	湿度 /%	树体管理	地面管理	病虫害防治	其他
2 月底至 3 月初	催芽	5～25	80～90			越冬病虫害防治用 3～5 度石硫合剂	
3 月初至 4 月底	新梢迅速生长期	12～28	60～70	抹芽、除梢、定梢、整花序、绑梢	浇 1～2 次中水，地面及时中耕	白腐病、浮尘子等防治用多菌灵加乙酰甲胺磷	结合用药喷 0.2%～0.3% 尿素或 0.2% KH_2PO_4
4 月底至 5 月中旬	开花期	18～30	50～60	主梢摘心、处理副梢、绑梢	控制浇水，地面松土	白腐病、遗翅蛾防治用灭霉灵或速克灵或农利灵加敌敌畏乳剂	结合用药喷 0.2% 硼砂或 0.3%KH_2PO_4

月份	物候期	温度/℃	湿度/%	树体管理	地面管理	病虫害防治	其他
5月下旬至6月底	果实膨大到软化	20～30	60～70	整果穗、疏粒定产、套袋	坐果后施氮磷钾复合肥+尿素,软化期施钾肥,结合浇水2～3次	果穗套袋前用百菌清	每隔7～10日叶面喷光合微肥 KH_2PO_4 一次
7～8月	果实采收期	20～35	50～60	摘老叶,副梢及时处理,果实采收	地面覆盖或及时松土保湿,欧美杂交种干旱时浇小水一次		注意防高温伤害和暴雨后积水
9～12月	采收后到落叶期			及时揭膜、回归自然,9月中旬至10月上旬,施基肥,结合浇水,12月份冬翻		防霜霉病与葡萄天蛾	用1:1:200倍波尔多液加晶体敌百虫
1月至2月中旬	休眠期	冬季修剪,清园,准备覆膜,2月上旬开始覆膜、整地、浇水					

1. 秋施基肥

自9月中旬开始,习惯上叫做带叶施基肥。每亩土地施用有机肥4000～5000千克,同时加入适量化肥。早熟品种早施,晚熟品种晚施,要求在10月中旬前全部施肥结束。施基肥后及时灌水。

2. 保叶

主要是防治霜霉病、锈病的为害。因葡萄果实采收后棚膜已揭掉,叶片病害必然增多。因此,在南方要实行揭膜前喷一次波尔多液,这样病害容易控制,后期叶片正常,落叶晚。在葡萄用药的同时,适量补氮肥（把0.3%尿素加在药液中）,这对提高光合作用、延长叶龄都有一定的作用。

3. 冬翻

葡萄园冬翻的时间南方要求在小雪到大雪节气之间。在这个时间范围内,宜早不宜迟。冬翻时注意保护根系,根际1米范围内宜浅,深度10～20厘米,离根际远的地方深度要达到20～30厘米。冬翻可以使土壤得到休闲,得到改良,如掺有一定量的有机物质,则效果更佳。

4.整修架材

为冬季修剪做准备，包括水泥立柱，横梁的倾斜度、稳固度、角度的检查、修理，架面铁丝的更换，大棚材料的补充更新以及塑料薄膜、压膜带的添置等，都要细心检查准备。同时，为搞好冬季修剪，对工作人员的培训也是必要的。

第七章

避雨棚葡萄优质高效栽培技术

第一节　葡萄园建立

无公害食品鲜食葡萄产地环境条件

中华人民共和国农业部实施 NY 5087—2002《无公害食品鲜食葡萄产地环境条件》，规定了无公害鲜食葡萄产地选择要求、环境空气质量要求、灌溉水质量要求。

无公害葡萄产地应选择在生态条件良好，远离污染源，具有持续生产能力的农业生产区域。

（1）产地环境空气质量　产地环境空气质量要求见表7-1。

表 7-1　环境空气质量要求

项　目	浓度限制	
	日平均	1 小时内平均
总悬浮物（标准状态）/（毫米/米³）　≤	0.30	—
二氧化硫（标准状态）/（毫米/米³）　≤	0.15	0.50
二氧化氮（标准状态）/（毫米/米³）　≤	0.12	0.24
氟化物　（标准状态）/（毫米/米³）　≤	7	20

注：日平均值指任何一日的平均浓度，1小时平均值指任何一小时的平均浓度。

（2）产地灌溉水质量　产地灌溉水质量要求见表7-2。

表 7-2　灌溉水质量要求

项　目	浓度限制	项　目	浓度限制
pH	5.5～8.5	挥发酚/(毫克/升)　≤	1.0
总汞/(毫克/升)　≤	0.001	氰化物(以 CN 计)/(毫克/升)　≤	0.5
总镉/(毫克/升)　≤	0.005		
总砷/(毫克/升)　≤	0.1	石油类/(毫克/升)　≤	1.0
总铅/(毫克/升)　≤	0.1		

(3) 产地土壤环境质量　产地土壤环境质量要求见表 7-3。

表 7-3　产地土壤环境质量要求

项　目	含量限值		
	pH<6.5	pH6.5～7.5	pH>7.5
总镉/(毫克/千克)　≤	0.3	0.3	0.6
总汞/(毫克/千克)　≤	0.3	0.5	1.0
总砷/(毫克/千克)　≤	40	30	25
总铬/(毫克/千克)　≤	250	300	350
总铅/(毫克/千克)　≤	150	200	250
总铜/(毫克/千克)　≤	400		

注：表内所列含量限值适用于阳离子交换量 75 厘摩尔/千克的土壤，若≤5 厘摩尔/千克，其含量限值为表内数值的半数。

一、葡萄园地的选择

葡萄避雨栽培是葡萄无公害生产的一项关键技术，但是葡萄园的环境条件同样也影响到葡萄果品的质量。所以建园选址时，首先要进行环境质量检测，符合生产无公害葡萄果品、绿色葡萄果品质量生产标准才能建园，不符合标准应另选新址。除此外，还考虑下面因素：

1. 地形开阔，阳光充足

葡萄是喜光果树，阳光充足有利于树体健壮生长，阳光不足树体容易徒长，特别是在避雨栽培的条件下，阳光不足更容易徒长，尤其是生长势比较旺的品种。所以避雨栽培葡萄园一定要建造在地形开阔、阳光充足的地方，而背阳遮阳的地方不能建园。

2. 地势高燥，排灌方便

葡萄是喜旱忌湿果树，应选择地势高燥的地方建园。葡萄生长期虽较耐旱，还需要供水，应选择有水源、有灌溉条件的地块种植葡萄。低洼田、排水不畅的地块、易受涝的地块、无水源不能供水的地块，不能种植葡萄。

3. 土层深厚，土质疏松

葡萄是须根系植物，为有利于葡萄发根，要选择土层深厚、土质疏松的园地。土壤 pH 值以 6.5～7.5 为适宜。土壤黏重，土壤过于贫瘠，过酸、过碱的园土需要经过土壤改良，基本达到葡萄生长要求才可建园。

二、葡萄园地的规划和设计

1. 电、水源的选择与确定

在选择葡萄园地时，首先考虑电源、水源的问题。打农药、浇水都离不开电源，所以电源建设是重中之重。至于水源，无论是提引河水，还是打深井提水，其水质都要符合上述标准。规划水源地应尽量设在地势偏高作业区的中心，以便于拉电提水，节省费用。

2. 田间区划

对作业区面积的大小、道路、排灌水渠系网和防风林都要统筹安排。根据地区经营规模、地形、坡向和坡度，在地形图上都要进行细致规划。作业区面积大小要因地制宜，平地 20～30 公顷为 1 个小区，4～6 个小区为 1 个大区，小区以长方形为宜，长边与葡萄行向一致，以便于田间作业；山地以 10～20 公顷为 1 个小区，以坡面等高线为界，决定大区的面积，小区的边长与等高线平行，有利于灌排水和机械作业。

3. 道路系统

根据基地果园总面积的大小和地形、地势决定道路等级。在千公顷以上的大型葡萄园，由主道、支道和田间作业道三级组成。主道设在葡萄园的中心，与园外公路相连接，要求能对开两排载重汽车或农用拖拉机，再加上路边的防风林，一般道宽为 8～10 米。山地的主道可环山呈"之"字形建筑，上升的坡度要小于7 度为宜。支道设在小区的边界，一般与主道垂直连接，宽度为 4～5 米，可通单排汽车或拖拉机。田间作业道是临时性道路，多设在葡萄定植行间的空地，宽度为 3～4 米，便于小型拖拉机作业和运输物资行走。

4. 排灌水渠系统

排灌系统一般由干渠、支渠和田间毛渠三级组成。各级水渠多与道路系统相结合，一般在道路的一侧的路沟为灌水渠，另一侧为排水渠，交叉的地方可用渡槽和水管连接。主灌水渠与水源连接，主排水渠要与园外总排水渠连接，各自有高程差，做到灌排水通畅。有条件的地区，也可设滴灌和暗排，以节省水电，效果更佳。

5. 葡萄园的行向选择

葡萄的行向与地形、地势、光照和架式等有密切关系。一般地势较平的葡萄园，多采用篱架、双十字 V 形架、棚架等，行向为南北向。这样，日照时间长，光照强度大，特别是中午葡萄根部能受到阳光，有利于葡萄的生长发育，能提高葡萄的品质和产量。山地葡萄园的行向，应与坡地的等高线方向一致，顺势设架，以利于紧铁丝和灌、排水等向作业。葡萄枝蔓由坡下向上爬，光照好，可节省架材。

三、建园前的土壤准备及改良

1. 清除植被和平整土地

在未开垦的土地上，常长有树木、杂草等植被，建园前应连根清除。如在已栽过葡萄的土地上再栽葡萄时，一定先将老葡萄根彻底挖除，再进行土壤消毒，可用 50％辛硫磷乳油 2000 倍液或 48％维巴亩（保丰收）水剂或二氯丙烯作为消毒剂施入原树盘的根际，然后翻入深 30 厘米左右的土壤中即可。全园的土壤要进行平整，平高垫低，在山坡地要测出等高线，按等高线修筑梯田，以利于葡萄的定植和搭建葡萄架，更有利于灌、排水和水土保持工作。所以，在建园前应尽可能把土地整平，至少把葡萄定植行的台田或条田畦面整平，以便于机械作业。

2. 定植沟的土壤改良

葡萄是深根果树，一般根深达 1～2 米，栽植后要固定在一个地方多年，每年生长、开花、结果都需要大量的营养物质。因此，对各类土壤都要挖定植沟，增加有机肥和其他物质进行改良。由于葡萄定植行距较远，株距较近，在生产上应用定植沟改良土壤的方法进行栽植。植株成活后，每年继续在定植沟的一侧加宽 30 厘米，深 60 厘米，施入有机肥 3000～5000 千克，进行扩沟施肥，在行间种植豆科作物进行改土。

【知识链接】

不同土壤改良

（1）沙荒地的改良　我国沙荒地较多，要大力开发利用栽植果树。但沙荒地土质瘠薄，有漏水、漏肥的缺点。因此，在定植之前，必须对定植沟内的土壤

进行改良，定植葡萄后再对全园的土壤逐步进行改良。沙荒地定植沟的规格为深、宽各 120 厘米，沟底先垫 20 多厘米的黏土，以保水、保肥，其上用黏土、碎玉米秸或麦秸、农家肥与表层沙土混合填入沟内，与地面相平，农家肥每亩用量 8000 千克。定植后每年每株进行秋施肥 50～80 千克，要施黏土与农家肥、秸秆的堆肥，逐年加宽定植沟进行土壤改良，给葡萄根系创造良好的生长环境。

（2）盐碱地的改良　盐碱地一般地势低洼，地下水位偏高，土壤含盐量较多，容易导致葡萄树体早衰，产量下降。因此，盐碱地栽植果树必须先进行土壤改良，使土壤盐分降至果树的耐盐限度后，才能进行栽植。葡萄的耐盐碱限度据刘捍中鉴定，巨峰、玫瑰香、龙眼、紫丰等品种自根树能在土壤含盐量为 0.23％ 的条件下正常生长、结果。如用耐盐碱砧木贝达、5BB、420A 和 1616C 等嫁接品种苗，则生长、结果更好。盐碱地土壤的改良措施如下。

① 建立排、灌水渠系，引淡水洗盐　通过挖沟，使台田、条田距离灌排水渠系统近，引入淡水灌入台田、条田畦面上，浸泡 3～5 天后排出，反复 3～4 次，可使盐碱土壤淡化。

② 深耕增施有机肥　盐碱地土壤比较板结，通透性差，每亩施有机肥 8000 千克左右，深翻 25～30 厘米，能疏松土壤和盐碱，并改良土壤的理化性质，促进团粒形成，提高土壤肥力，减少土壤水分蒸发，抑制返碱作用。

③ 地面覆盖　在葡萄行间及树盘上都可覆盖 10～20 厘米厚的麦秸、稻草、碎玉米秸、沙土等物质或种植绿肥，一方面可减少地面水分蒸发，抑制土壤返碱，另一方面又能减少杂草生长，增加土壤有机质。每隔 2～3 年后，将覆盖物翻入地下，再重新覆盖，对减少返盐、增加有机质作用明显。但秸秆要用土块等物压住，以防止风吹和着火。

（3）山坡地土壤改良　山坡地有不同的高度、坡向和坡度，对温度、光照、水分和土壤的影响很大。坡上空气流通、温度易发生变化，昼夜温差大，冬季果树易发生抽条和冻害；坡下峡谷低洼处，冷空气易下沉，早春和晚秋易发生霜冻。

① 治理坡地沟谷　在建园坡内的大小沟谷，易造成水土流失，影响交通和葡萄园管理。因此，对较小的沟谷要尽量填平，以便统一区划。挖好 1 米×1 米定植沟，每株施有机肥 200 千克，与表土混合填平。对较大的难填平的地段，要砌成石谷堵水降速，沟头和沟坡要实行石土工程、造林、种草综合治理，以防止沟谷扩展。

② 修筑梯田　通常在 10°以上的山坡，建园时都要修筑梯田。在坡度不大，坡面较平整的地段，为了提高耕作效率，可以修筑较宽的梯田面，每一梯田面上横坡栽植几行至数十行篱架葡萄。梯田面窄，容易施工，土壤的层次破坏小，保水保肥力强，便于果园各项作业。梯田面较宽，可采用向内倾斜式的台田面，

防止雨水冲刷。台田横面要外高里低，有 0.2%～0.3% 的比降，降雨时台田面上的水可由梯田埂处流向台田里边的排水沟，逐级排出园外。一般葡萄园梯田面的长度以 100～200 米较适宜，如过长则对灌、排水和其他作业均不方便。梯田壁修筑一定要牢固，防止下雨冲垮，造成损失。梯田壁由石头砌成的，比较牢固耐久。

（4）黏重土壤改良　黏重土壤通透性差，比较板结，土壤中空气少，不适宜果树根系生长。因此，黏重土壤上栽植果树之前，需要挖定植沟进行土壤改良，其深、宽为 1 米×1 米，要将表土与底层心土分别放在沟的两侧。回填时，先在沟底铺上 20～30 厘米厚的河沙或农作物秸秆，其上用表层土与腐熟农家有机肥和适量磷肥混合填平，用心土在定植沟两侧筑成畦埂，灌水沉实后再进行定植。每亩用农家肥 5000～8000 千克和沙土 40～50 立方米，过磷酸钙 100～200 千克，混匀后回填。

四、葡萄苗木定植技术

葡萄品种及砧木苗木的选择，应根据各个地区的气候品种区划、土壤种类和葡萄基地的生产任务确定，最好选用适宜本地区气候、土壤种类的无病毒品种、砧木组合苗木。按行株距计算出每亩的用苗数量。一般购苗时应在预算苗木数量上增加 5% 左右，供选苗和第二年春季补苗之用。

1. 挖好定植沟

按株行距测量出定植沟的位置，定植沟一般深、宽各 40～60 厘米，按土质的好坏而定。挖定沟时将表土和心土分别放置在两侧，沟底放入 10 厘米左右的农作物秸秆，如玉米秸、麦秸等，其上部用农家有机肥（每亩用 5000 千克以上）与表土混合回填，用心土在定植沟两侧筑埂，灌水沉实后再行定植。

2. 栽植时期与方法

葡萄苗木栽植时期主要是春、秋两季。春季在气温上升到 10℃ 时（3～5 月）定植，秋季在苗木停止生长的 11～12 月进行；营养钵的绿苗气温稳定在 15～20℃ 时（5～6 月）定植，成活率较高。

一般在定植点中心挖深、宽各 30 厘米的定植坑，将苗放在坑中心，把根系舒展均匀，逐层埋土，并用手轻轻向上提苗，使根系呈自然伸长状态，苗茎要高出地面 3～4 厘米，并略向上架方向倾斜，再埋土、灌水沉实，待水干后用地膜覆盖定植沟，并用土将地膜两边压住，将苗茎扎孔露出膜外，用湿土将苗木处的地膜口盖严，以增温、保湿、提高成活率。

五、种植当年的培育管理

葡萄种植第二年有没有产量，产量多少决定于当年的培育管理。下面以双十字 V 形架为例，介绍葡萄定植当年的管理。

1. 及时搭架、上架

冬春建园时按定的株行距及时搭好架。种植后每株苗插一条小竹竿，新梢长至 20 厘米以上及时绑缚在小竹竿上，避免大风吹断新梢，或人工操作不小心碰断新梢。新梢上架后及时绑在架面上，枝蔓拉开距离，使叶片不重叠，枝蔓不随风摇动而折断新梢。

嫁接苗新梢绑在小竹竿上，及时用刀片割破嫁接口的塑模。注意嫁接口覆的塑模种植前不能破膜，否则嫁接口易折断。

2. 主蔓培育

新梢长至 15～20 厘米留一个新梢，其余抹除，培育一个主干。

(1) 四条主蔓的培育 新梢长至架面（指水泥柱两边底层 2 条拉丝）下 30 厘米左右，在架面下 40 厘米摘心，形成 2 条主蔓。待较短 1 条主蔓长至 30 厘米，同一天同一高度在架面下 20 厘米处摘心，形成 4 条主蔓。注意第一次摘心后 2 条主蔓生长有快有慢，高低不一，要同一天同一高度摘心，使第 2 次摘心后形成的 4 条主蔓较均衡生长。4 条主蔓长至架面绑缚。上架面的 4 条主蔓待最短一条蔓长至 6 叶以上，4 条主蔓同一天架面上均 6 叶摘心，顶端副梢再长至 6 叶以上，4 条主蔓同一天架面上均 6 叶摘心，如 4 条主蔓长短不一致，长得快的主蔓可先摘心，长得慢的主蔓可晚摘心，但早摘心和晚摘心的间隔期尽可能缩短。架面上 10～12 节新梢作为结果母枝。其上再发出的新梢 4～6 叶摘心反复 2～3 次，至 9 月中旬所有顶端副梢均摘心。

(2) 二条主蔓的培育 新梢长至架面下 10 厘米左右，在架面下 20 厘米摘心，形成 2 条主蔓，长至架面绑缚。上架面 2 条主蔓待较短一条主蔓长至 6 叶以上，同一天架面上均 6 叶摘心，顶端副梢再长至 6 叶以上，2 条主蔓同一天均 4～6 叶摘心，反复 2～3 次，至 9 月中旬所有顶端副梢均摘心。

3. 肥水管理

当年种植培育达到生长指标的树体主要措施是肥、水促长。

(1) 施肥 多数蔓长至 8 叶，已见卷须，揭去黑色地膜开始施肥。没有铺黑色地膜的，新梢未发卷须不宜施肥。肥料先淡后逐渐加浓。前 2 次用 0.5% 尿素浇施，从第 3 次开始可提高至 1% 浇施。前几次每株浇施肥水量不少于 3 千克，以后增加至 5 千克以上，随着根系的伸展增加至 10 千克。施肥面要宽。10～15 天浇施一次，至 8 月中旬停止施用。遇雨天可撒施尿素，前几次每次可用 3～5 千克，以后可增加至 5～7.5 千克。要控制一次用肥量，尿素不宜超过 10 千克。如中期苗长得快，应延长施肥间隔期，适当减少用肥量。

（2）供水 没有铺黑色地膜的，新梢未发卷须不宜施肥，遇旱土干只能浇水。施肥结合浇水，正常天气不必单独供水，遇 10 天以上久晴不降雨，应根据土壤墒情供水，保持土壤不干，如果土壤墒情不足新梢生长极慢。视天气情况供水一直至 9 月上旬。

有条件的揭除黑色地膜，植株两旁铺稻草、麦秸、油菜籽壳等覆盖物，保持畦土不干。如能铺施 500 千克左右腐熟畜、禽肥，对促苗生长极为有利。

4. 土的管理

（1）翻土与松土 秋季结合施基肥，全园深翻土，靠近主干附近浅些，离主干远的深些。翻断一部分老根，促使发生新根。葡萄生长期，结合施肥，浅松土，提高土壤通透性，有利于根系伸展。

（2）及时除草 葡萄园由于肥力较好，当年种植树冠不大，杂草生长较快。可用草甘膦（农达）除草剂除草，注意不要喷到植株上。不能发生草荒，否则严重影响植株生长。

（3）合理间作 为充分利用土地，在不影响葡萄生长的条件下，当年可在畦边套种蔬菜、豆类、绿肥等作物。套种作物必须离葡萄植株 1 米以上，只能在畦边种 1 行，不能种 2 行。套种早春作物，最迟 6 月底应收获完。秋季不能套种，高秆作物和瓜类不能套种。不合理的套种影响葡萄生长，是得不偿失。

5. 分类培育

（1）快长苗 多培育 1 条主蔓，或下、中部的副梢适当放长至 7～8 叶摘心，适当控制肥水，逐步减缓生长。

（2）稳长苗 按要求培育主蔓数和进行副梢处理，正常肥水管理，使其继续稳健生长。

（3）慢长苗 少培育 1 条主蔓，副梢留 1 叶绝后摘心，减少树体营养消耗，适当增加施肥供水次数，促其生长。要注意这类苗根系发育不好，不能增加一次的施肥量，否则会导致伤根而停止生长。

6. 病虫害防治

（1）防病 主要防好黑痘病和霜霉病。新梢长至 20 厘米开始喷防病农药。选用代森锰锌、必备、大生 M-45、必绿 2 号等保护性农药，可防止病害发生。视天气 10～15 天喷一次农药，久晴不雨可少喷农药，霜霉病防治到 9 月份。如发现黑痘病喷 6000 倍福星，控制病害发展。如发生霜霉病，可用 0.2～0.3 波美度石硫合剂控制病害发生，效果好，成本低。

（2）治虫 当年种植前期防治好小地老虎（咬断葡萄苗）、绿盲蝽（食害叶片穿孔）；中期防好透翅蛾（蛀入新蔓内危害）、天蛾（蚕食叶片）、叶蝉（叶片食成花斑）等虫害。

第二节　覆膜、揭膜期及棚膜管理

一、避雨栽培覆膜、揭膜期

1. 北方欧亚种葡萄避雨栽培覆膜期和揭膜期

北方避雨栽培地区是年降水量 500 毫米以上的山东和华北、东北诸省及河南、陕西部分地区。这些地区的集中降雨期是 7、8 月两个月，正值葡萄果实膨大期，早熟品种为浆果成熟期，红地球等欧亚种葡萄因多雨而极易发病。这些地区避雨栽培的覆膜期和揭膜期应根据当地的雨季和葡萄发病情况掌握。

（1）覆膜期

① 多数地区应在雨季前覆膜　根据历年气象资料和当地的天气预报应在雨季前覆膜，即 6 月下旬至 7 月初覆膜；有些年份雨季提前，覆膜期也相应提前。集中降雨期要全期覆膜避雨，确保葡萄安全。

② 遇特殊病害应提前覆膜　有些年份霜霉病等病害早期发生，就应提前覆膜。河南省农业科学院园艺研究所葡萄示范基地和周口市商水县美人指葡萄基地，为防止花期病害和霜霉病早发，在 5 月初就覆盖棚膜。霜霉病几乎就不发生，并且花期其他病害亦很少发生。

（2）揭膜期

① 不抗白腐病、炭疽病的欧亚品种揭膜期应在葡萄采收后　葡萄浆果上色成熟期，不抗白腐病、炭疽病的品种（如京秀葡萄不抗炭疽病、粉红亚都蜜不抗白腐病）若遇秋雨易导致白腐病、炭疽病发生造成危害。这类品种避雨覆膜到葡萄果实采收后。河南省农业科学院园艺研究所果树场的葡萄避雨棚棚膜在各品种采收后揭膜；周口市商水县的美人指葡萄基地在 10 月初葡萄采收后揭膜，这样既避免病害对果穗的危害，又避免后期霜霉病、黑痘病等叶片病害的危害造成早期落叶现象。

② 红地球葡萄揭膜期应在葡萄采收后　红地球葡萄中、后期继续覆膜不仅可

减轻霜霉病、白腐病、炭疽病等病害危害，减少浆果损失；而且浆果成熟期在覆膜条件下，光照度减弱 25%～35%，可减轻红地球葡萄因光照过强而导致上色过重成为"紫地球"。

③ 较抗病的欧亚种葡萄　较抗病的欧亚种葡萄在集中降雨期后，转为正常的天气时可揭除棚膜，如果秋雨经常出现的地区也应在葡萄采收后揭膜。

(3) 覆膜过程中期揭膜　北方葡萄避雨栽培地区是年降水量 500 毫米以上的地区，而这些地区少雨年份降水量在 400 毫升以下；7、8 月集中降雨期，月降雨量一般在 100 毫米以上，少雨年份在 50 毫米以下。因此在避雨栽培中，应根据当年降雨量情况，不宜全期覆膜避雨，晴云天气时段可揭除棚膜，根据天气情况仅在雨期覆膜，使葡萄较长时间在全光照下生长；同时可延长棚膜使用期，如当年覆膜在 2 个月以内，还可使用 1 年，节省成本。

其具体操作方法为：拿掉西边的竹（木）夹，将棚膜推向东边（不要取下棚膜），有利于增加光照，有利于果实膨大，有利于花芽分化，如遇 34℃ 以上高温天气，还有利于减缓高温障碍，有利于着色。中期揭除棚膜这段时期要密切注意天气变化，如遇大风雨，在风雨来临前及时覆膜；如果降水量 10 毫米以下的降水不必覆膜。揭膜、覆膜视天气变化不断进行，葡萄采收前覆好膜。

2. 北方欧美杂种葡萄避雨栽培覆膜期和揭膜期

(1) 覆膜期　欧美杂种葡萄较耐湿、较抗病，应根据品种的抗病性和天气变化情况及时覆膜和揭膜。

① 萌芽前覆膜的地区　对黑痘病防治缺乏经验，每年均因新梢生长期发生黑痘病造成一定危害的地区，或上年秋季黑痘病发生严重而春季雨水较多的年份，避雨栽培的覆膜期应在萌芽期。新梢生长在避雨栽培条件下可避免黑痘病发生。

② 开花前覆膜的地区　对容易感染穗轴褐枯病的品种，或春季阴雨天气比较长导致霜霉病早发的年份，避雨栽培覆膜期在开花前。

(2) 揭膜期　一般应在葡萄果实采收后揭膜。在葡萄果实膨大期至采收期继续覆膜，能有效防止炭疽病、白腐病等病害的发生。

(3) 覆膜过程中期揭膜　欧美杂种葡萄的抗病性相比欧亚种葡萄要强些，而北方地区的降水量比南方要少得多。在避雨栽培中期应根据葡萄品种的抗病性和天气情况进行揭膜。如果栽培的品种为巨玫瑰（不抗叶片霜霉病），而生长期雨水又较多，应该全期覆膜。如果栽培的品种抗病性较强，而生长期雨水较少应短期揭膜。

其具体操作方法为：拿掉西边的竹（木）夹，将棚膜推向东边（不要取下棚膜），有利于增加光照，有利于果实膨大，有利于花芽分化，如遇 34℃ 以上高温天气，还有利于减缓高温障碍，有利于着色。中期揭除棚膜这段时期要密切注意天气变化，如遇大风雨，在风雨来临前及时覆膜；如果降水量 10 毫米以下的降水不必覆膜。揭膜、覆膜视天气变化不断进行,葡萄采收前覆好膜。

3. 南方欧亚种葡萄覆膜期和揭膜期

（1）覆膜期

① 在萌芽前覆膜　从萌芽开始就在避雨栽培条件下避免雨淋,新梢生长期就能有效地防止黑痘病等病害的传播和危害。

② 少数地区可在开花前覆膜　春季雨水少的地区,能控制住新梢生长期黑痘病的条件下,也可推迟到开花前覆膜,使蔓、叶、花序在全光照条件下生长,有利于蔓叶营养积累和花序发育。

（2）揭膜期

① 一般可在葡萄采收后揭膜　揭膜后几个月,蔓叶在全光照下生长,有利于蔓叶营养积累,有利于花芽继续分化。根据杨治元观察,很多欧亚种葡萄品种在北方花芽分化正常,花序较多,年份产量较稳定;在南方栽培结果枝率下降,花芽分化不正常,年份间花序不稳定,导致产量不稳定。分析其原因,南方光照不足,南方比北方日照时数平均少 1000 小时左右（大棚、避雨栽培光照少 25％～35％）;日较差较少,南方比北方约少 2～3℃,导致树体营养积累不足,影响到当年的花芽分化和下一年的花芽补充分化,这是导致欧亚种葡萄多数品种在南方栽培花芽量减少的一个主要原因。

② 遇到的问题　葡萄采收后揭除棚膜,遇到的问题是易导致霜霉病的发生和流行,如不及时防治,易造成秋季早期落叶,也影响花芽分化。如何处理好果实采收后及时揭膜使蔓叶在全光照下生长,又要防治好霜霉病,防止秋季早期落叶,这是南方欧亚种葡萄避雨栽培中遇到的较为突出的问题。

③ 视品种特性掌握揭膜期　根据杨治元的实践、研究和调查,认为应根据品种的特性和当地霜霉病病情科学地掌握揭膜期。

a.结果枝率 70％以上的品种可推迟揭膜期　这类品种在南方避雨栽培,光照较弱条件下生长发育,对花芽分化影响不大,连续避雨栽培结果枝率仍较稳定。这类品种有 87-1、绯红、香妃、秋红、黑玫瑰、瑞比尔等。

b.结果枝率中等或较低的中、晚熟品种采果后应适时揭膜　这类品种在南方避雨栽培,光照较弱条件下生长发育,对花芽分化影响较大,在葡萄采收后应及时揭膜,秋季在全光照条件下生长发育,有利于营养积累,有利于花芽分化和下一年花芽补充分化。对成熟较早的品种,采收果实后可推迟 7～15 天揭膜,使树体生长有个过渡期。揭膜后及时喷用必备、科博、波尔多液等保护性无公害农药,视天气和发病情况,喷若干次,直至 10 月上旬控制住霜霉病。这类品种有无核白鸡心、京玉、里扎马特、巨星、红地球、红意大利、秋黑、美人指等。

c.结果枝率中等的早熟品种采收后可视情况适当推迟揭膜　这类品种在南方避

雨栽培，光照较弱条件下生长发育对花芽分化影响也较大。由于成熟早，采收采果后仍是雨季，应推迟揭膜期，待雨季过后再揭膜，或夏季高温后再揭膜。在秋季必须控制住霜霉病，保护好叶片。这类品种有早玉、京秀、早熟红无核等。

(3) 覆膜过程中揭膜 欧亚种葡萄在南方栽培，如何提高叶幕的受光量，对花芽分化至关重要，尤其中、晚熟品种，覆膜期较长，由于光照不足，影响树体营养积累和花芽分化。对结果枝率中等或较低的中、晚熟品种在避雨阶段的中期，视天气在晴云天揭膜，雨天覆膜，增加蔓、叶、果的管理，对蔓、叶、果的生长发育和花芽分化是极为有利的。

其具体操作方法为：拿掉西边的竹（木）夹，将棚膜推向东边，使蔓叶在全光照下生长。在揭膜阶段密切注视天气的变化，根据天气预报，雨前及时覆膜，雨后再揭膜，这样既起到避雨的作用，又能使葡萄在光照较足的条件下生长发育。

4. 南方欧美杂种葡萄覆膜期和揭膜期

(1) 覆膜期 欧美杂种较耐湿、较抗病，各地根据前期黑痘病发生和防治情况合理掌握。

① 萌芽前覆膜的地区 对黑痘病防治缺乏经验，每年均因新梢生长期发生黑痘病造成一定危害的地区，或上年秋季黑痘病发生严重而春季雨水较多的年份，避雨栽培的覆膜期应在萌芽期。新梢生长在避雨栽培条件下可避免黑痘病发生。

② 开花前覆膜的地区 对于黑痘病防治有经验，每年在新梢生长期黑痘病完全能控制住的地区，避雨栽培覆膜期应在开花前。多数品种萌芽至开花40～45天，在这段时期露地生长，光照较足，有利于新梢蔓叶生长，提高光合效率，增加营养积累，并有利于花序的发育。

③ 视情况确定覆膜期的葡萄园 南方春季多雨，黑痘病防治有经验的地区，如遇春雨绵绵，新梢生长期已发生黑痘病，而很难控制住，应立即覆膜不能死搬硬套等到花前覆膜。因覆膜后蔓叶不受雨淋，能有效地防止黑痘病传播，结合药剂防治，能控制住黑痘病。

(2) 揭膜期 一般应在葡萄果实采收后揭膜。在葡萄果实膨大期至采收期继续覆膜，能有效防止炭疽病、白腐病等病害的发生。

(3) 覆膜过程中期揭膜 南方梅雨季节明显的地区，一般梅雨结束即转入炎热的高温期，中、晚熟品种在葡萄果穗套袋的前提下，梅雨期（或雨期）过后转入晴热天气，可中期揭膜。

其具体操作方法为：拿掉西边的竹（木）夹，将棚膜推向东边（不要取下棚膜），有利于增加光照，有利于果实膨大，有利于花芽分化，如遇34℃以上高温天气，还有利于减缓高温障碍，有利于着色。中期揭除棚膜这段时期要密切注意天气变化，如遇大风雨，在风雨来临前及时覆膜；如果降水量10毫米以下的降水不必覆膜。揭膜、覆膜视天气变化不断进行，葡萄采收前覆好膜。

二、避雨棚内光照度、温度变化

1. 晴天避雨棚内外温度变化

晴天避雨棚内外温度变化趋势总体上相同，都是先由低到高，在中午前后达到高峰，然后逐渐降低，避雨棚内外温度差别较小。在 6～10 时和 19～21 时这两个时间段里，棚内的温度略高于棚外的温度；而在 10～19 时这一时间段里，棚内的温度略低于棚外的温度，从而对中午高温时段起到了一定的调节作用，减少葡萄的高温午休时间，延长了光合作用时间。

2. 多云天避雨棚内外温度变化

多云天避雨棚内外温度变化总体趋势上大体相同，避雨棚内外温度在不同的时间段差别较大，在中午前后相差较大，在早晨和傍晚前后相差较小，甚至出现同温现象。棚内温度变化比较平缓，无较大波动，各时段温度相差不是很大；棚外温度变化幅度较大，各时段温度差别较大，尤其是中午前后。

3. 阴天避雨棚内外温度变化

阴天避雨棚内外温度变化幅度基本一致，并且避雨棚内外温度几乎没有差别，只是在早晨棚内温度略高于棚外的温度。

4. 晴天避雨棚内外光照强度变化

在晴天的时候避雨棚内外光照强度的变化趋势比较一致，不同的时段棚内光照强度的变化幅度较小，不同时段棚外的光照强度的变化幅度较大。

5. 晴天棚内外各时光照强度及棚内占棚外光照度比例

不同的时间段棚内光照强度占棚外光照强度的比例不同，在 59.64%～71.55% 之间变化。

6. 多云天避雨棚内外光照强度变化

多云天气时避雨棚内外光照强度的变化趋势一致，随着时间的推移光照强度逐渐升高，在中午前后达到最高然后又逐渐降低。

7. 多云天棚内外各时光照强度及棚内占棚外光照度比例

在多云的天气避雨棚内的光照强度占避雨棚外的光照强度比例，在 60.1％～80.2％之间。

8. 阴天避雨棚内外光照强度变化

在阴天的时候避雨棚内外的光照强度，随着时间的推移变化幅度较大，并且避雨棚内外的变化趋势比较一致。

9. 阴天棚内外各时光照强度及棚内占棚外光照度比例

在阴天的时候避雨棚内的光照强度占避雨棚外的光照强度比例为 63.54％～81.51％。

10. 不同棚膜对光照度的影响

在不同的天气条件下测定，耐老化无滴膜避雨棚下的光照强度占避雨棚外光照强度的 87.63％，普通棚膜避雨棚下的光照强度占避雨棚外光照强度的 67.42％。为了提高避雨栽培条件下葡萄的光合作用效率，建议避雨棚膜使用耐老化无滴膜。

三、避雨棚棚膜管理

避雨栽培虽不同于大棚促成栽培，增温期不进行温度、湿度、气、光调控，但棚膜管理不可疏忽。要经常检查，尤其是大风后、大雨后要及时检查，发现问题及时采取措施。

1. 检查竹（木）夹

弹掉的竹（木）夹及时补充，损坏的竹（木）夹及时调换。

2. 检查毛竹拱片

折断的毛竹拱片及时调换。

3. 检查棚膜

棚膜出现小的破损或小的裂开，用胶带补好；破损较大的补盖上好的棚膜。

棚膜有皱缩的要整平展。

4.检查膜带

压膜带松动的重新拉紧，压膜带断掉的（尤其布条带易断），应接好膜带，重新压紧棚膜。

第三节　避雨栽培葡萄的整形修剪和树形培养

一、葡萄整形修剪的作用

葡萄是藤本果树，在自然条件下靠攀缘周围物体向有阳光处生长。因此，上部因阳光充分，枝叶生长繁茂；下部因光照不足，枝叶发育不良而形成光秃带，结果少、品质差、结果部位外移。所以，需要通过整形修剪，按一定树形逐年修剪培养，使其成形，有牢固的骨架和发育良好的结果母枝组，以充分利用架面空间和阳光，调节树体生长与结果的关系，才能达到连年获得优质高效、绿色食品的目的。

二、葡萄修剪时期

葡萄最佳的修剪时期，是在冬季葡萄落叶后。修剪过早或过晚，均易造成冻害或伤流。

三、冬季修剪的方法和留芽量

冬季修剪保留的结果母枝上的芽眼数称为冬剪留芽量。冬剪结果母枝留芽量的多少与架式、树形、品种、树龄和长势有直接关系。留芽量多少直接影响葡萄树的生长和结果。

1.修剪量大小的依据

结果母枝留芽量少的称短梢或极短梢（2～4个芽）修剪，其新梢生长量大，枝条粗壮，生长较快，叶片较大，是生长势强的修剪反应；如结果母枝留芽量多的（8～12个芽）称长梢修剪，发出的新梢数量多，营养分散，新梢的生长速度、长度、粗度都比前者弱。新梢生长势弱，光合能力低，营养积累少，也会影响开花、坐果和产量。新梢长势过强、过弱都不适宜，以长势中庸为最佳。所以，冬季修剪时应根据树龄大小、架面空间、树形要求、枝条粗度、枝条着生的位置和品种特性等决定留芽量的多少。

2.结果母枝的修剪量

结果母枝的修剪长短按每株负载量确定，葡萄当前要求每亩每年以结果1500千克为标准。如小棚架按每亩栽133株（株行距5米×1米）计算，平均每株要生产浆果11.28千克，即每5平方米的棚架架面上，每平方米留5～6个结果母枝，按每株有25个结果母枝计算，平均每个结果母枝留1～2个结果枝，负载量为0.45千克，就达到产量指标。所以，结果母枝以短梢修剪为主，配合中梢修剪。如在单篱架上，每亩栽111株（株行距2米×3米），按每亩产量1500千克计算，每株负载结果量为13.5千克。而篱架高2米，株距2米，每株有架面4平方米，每平方米架面上平均有结果母枝6～7个，全株有24～28个结果母枝，结果母枝的修剪应以短梢留芽为主，配合中梢修剪。每个结果母枝负载0.5千克左右的产量。

从上述可知，每个结果母枝负载量为0.5千克左右，如每个结果母枝冬剪时的留芽量平均为5～7个，定枝时选留其中1～2个为结果枝和2～3个营养枝（靠近主蔓的1个为预备枝），就能够达到优质、稳产、高效的目的。

3.预备枝及营养枝修剪量

一般预备枝冬剪时留芽3～6个，为下一年的结果母枝，当年产量不足时，粗壮的预备枝或营养枝也可保留1个花序结果，增加产量。如结果枝花序可满足计划产量，预备枝或营养枝长势偏弱时，将花序摘掉，以调节长势和稳定产量。

四、葡萄主要架式适宜的树形培养及整形过程

葡萄必须依附架材支撑去占领空间。所以每年要通过人工整枝造型，才能使枝蔓合理地布满架面，充分利用生长空间，使其适应自然环境，增加光照，达到立体结果，以形成优质、丰产的优良树形。

1.单臂篱架采用的树形及培养

（1）无主干多主蔓扇形树形 该树形又称自由扇形树形，其特点是无粗硬的主干，而是在地面上分生出2～3个主蔓，每个主蔓上又分生1～2个侧蔓，在主蔓、侧蔓上直接着生结果枝组和结果母枝，上述这些枝蔓在架面上呈扇形分布。

树形培养过程：定植当年苗木萌发后，选出2～3个粗壮枝，培养主蔓。如主蔓数不足时，选1粗壮新梢留3～4片叶摘心，促其萌发副梢，选其中2个壮枝培

养补充主蔓。当主蔓长到1米左右时，留0.8～1米摘心，促进加粗和充实。其上副梢除顶端1～2个延长生长外，其余副梢均留1片叶反复摘心，顶端的延长梢留5～6片叶摘心，其上副梢均留1片叶摘心，并抠除副梢上的腋芽防止再生。冬剪时按枝蔓成熟度和粗度决定剪留长度，成熟蔓粗度达1厘米以上时，一般蔓长0.8～1米，留饱满芽剪截。

第二年春季主蔓萌发后，首先将主蔓基部50厘米的芽抹掉，再在主蔓顶端选留1个粗壮的新梢，去掉花序，培养延长枝；其次在主蔓两侧的新梢按间隔20～25厘米，选较粗壮的新梢培养结果母枝，其中粗壮的枝可留1个花序，中庸枝不留，以调节结果母枝间长势，使其均衡。在夏剪时，主蔓延长枝的摘心应按树形要求进行，一般延长到第三至第四道铁丝后，长约1米进行摘心。结果枝在花序上留5～6片叶摘心，其他培养结果母枝的新梢，在达到2～3道铁丝以上时摘心。副梢管理：①在花序下的副梢要及早从基部抹除；②新梢摘心后顶端的副梢留5～6片叶摘心，第二次副梢留1片叶摘心，并抠除腋芽，以防止再抽副梢。③新梢中部的副梢多采用留1片叶摘心，并抠除腋芽，防止再生。

冬剪时，主蔓延长梢要按枝条粗度和成熟度决定留枝长短，一般延长梢粗度达0.8厘米以上时留0.8～1米，留饱满芽剪截。其余作为结果母枝的新梢按树形要求剪截，如空间较大，可长留作侧蔓；空间小者，要采用中、短梢剪留，做结果母枝。

第三年春，通过抹芽、定枝，在主蔓、侧蔓上选好延长枝，继续培养树形。粗壮结果枝留1～2个花序，中庸枝留1个花序，弱枝不留，以抑强助弱，调节全树长势均衡，立体结果。夏季管理与第二年相同。三年生树树形培养基本完成，以后每年主要进行结果枝组的更新修剪。

（2）水平型树形

① 单臂单层水平型树形　在单臂篱架上，当年定植的苗木培养1个粗壮的新梢做主蔓，直立引绑在架面上，如株距2～2.5米，则当年留1.2～1.5米摘心，促进主蔓加粗生长。副梢管理：主蔓顶端1～2个副梢长放，在8月中旬摘心。在地面上50厘米的副梢从基部抹掉，中部的副梢留1片叶反复摘心，并将副梢上的腋芽抠掉。冬剪时，在茎粗0.8厘米左右处留1～1.2米，选留饱满芽剪截，并剪除全部副梢，即完成单臂主蔓的培养任务。

第二年春季上架时，将主蔓顺着行向统一弯曲引绑在第一道铁丝上，形成单臂单层水平型树形。通过抹芽、定枝，在主蔓单臂上每隔25厘米左右选留1个向上生长的新梢，培养结果母枝，引绑在第二、第三道铁丝上。在主蔓顶端选1个粗壮新梢培养延长枝，达到株间距时摘心。在结果母枝中，粗壮的新梢可留1个花序结果，全株留2～4个果穗即可，多余的花序疏掉，以便集中营养培养树形的骨架。当新梢长到40～60厘米时，引绑在第三、第四道铁丝上，并进行摘心。副梢处理均留1片叶反复摘心即可。冬剪时，主蔓延长梢视株间距剪留，一般经两年完成单臂主蔓的培养任务，其上培养 2～3 个结果母枝。冬剪时，结果母枝留 3～5 个芽短截。

第三年春季，将主蔓引绑在第一道铁丝上，萌芽后，在结果母枝上选留大而扁的主芽，将其副芽和不定芽抹掉，当新梢抽出 15～20 厘米、可识别花序时，每个结果母枝选留 2～3 个有花序的新梢为结果新枝，无花序的为营养枝，每个母枝上留 1～2 个结果枝，1 个预备枝（即靠近主蔓的营养枝）。如全株花序数按负载量平均够用时，将预备枝上的花序疏掉，以促进预备枝粗壮，为下年的结果母枝打好基础。冬剪时，延长枝按结果母枝留芽量 7～8 个芽剪截，对结果母枝上的结果枝和预备枝各留芽 3～5 个短截，作新的结果母枝，与老结果母枝形成结果枝组。

第四年管理与第三年相同，以后每年主要是调整结果枝组。

② 双臂单层水平型树形　是由单臂单层水平型发展而来的。与单臂单层树形不同之处主要是：在 1 株苗木培养 2 条新梢，或者每个定植坑里定植 2 株苗，各培养 1 条新梢，共培养 2 条主蔓，直立地引绑在第一至第二道铁丝上，长到 1.2～1.5 米时摘心，延长枝上和中部的副梢处理与单臂单层树形相同。

第二年春季上架时，将 2 条主蔓与篱架面略呈倾斜向相反方向引绑在第一道铁丝上。其他管理如抹芽、定枝、摘心、留花序、副梢管理和冬剪方法均与单臂单层水平型树形相同。第三年春季上架后，在主蔓臂上间隔 25 厘米左右的结果母枝上，要选留 2～3 个新梢，上边选两个有花序的作结果枝管理，靠近主蔓的留作预备枝，将花序摘掉，变为营养枝，如预备枝较粗壮，可留花序结果。其他管理与单层水平型树形相同。

第①、②种树形适用于长势中庸的品种和较矮的单臂架。

③ 单臂双层水平型树形　在高 2.2 米的篱架上，第一年主蔓培养过程与双臂单层水平型基本相同，只是选 2 条略粗壮的新梢，冬剪时留 1.5 米左右剪截，另一条主蔓留 1.2 米左右剪截。在第二年春季，将较粗壮、较长的主蔓呈水平引绑在第三道铁丝上，将另一条较细弱的主蔓水平引绑在第一道铁丝上。二者延伸方向相同，即形成单臂双层水平型树形的骨架。其上延长枝、结果母枝选留及夏季管理与单臂单层水平型树形相同。冬剪的方法也与前二者相同。

④ 双臂双层水平型树形　该树形由两个单臂双层水平型蔓组成，只是两组水平蔓弯曲的方向不同，多用在长势强的品种和高 2.2 米的篱架上。主要是每个定植坑上定植苗木 2 株或 4 株。如定植 2 株时，当年每株培养 2 条主蔓，通过抹芽、摘心及副梢管理，当年都能达到长度、粗度要求，完成 4 条主蔓培养任务。第二年春季上架时，选 2 个粗壮较长的主蔓引绑在第三道铁丝上，二者朝相反方向水平延伸。另外 2 条主蔓引绑在第一道铁丝上，二者也朝相反方向水平引绑，其上的新梢（结果枝和营养枝）均引绑在上一层铁丝上，使其架面平整，通风透光良好。结果枝、延长枝、营养枝的摘心、副梢管理和冬剪留的长度与单臂单层水平型树形

相同。

第③、④种水平型树形适用于高篱架和长势强的品种。其优点是成形快、结果早、品质好、产量高，其缺点是用苗量较多，仅适用于不下架防寒地区。

2. 双十字 V 形架采用的树形及培养

（1）双十字 V 形架树形培养 第一年，以株距 1 米栽植葡萄苗木。要求植株当年培养 4 条主蔓。当新梢长到 15～20 厘米时，选留长势好的一条蔓。当蔓高 50 厘米时，对新梢摘心，促其顶端发出副梢。当植株长到 70 厘米长时摘心，亦是四条主蔓。当这四条主蔓长到 150 厘米左右时，进行摘心，促其增粗。对所发出的副梢留一片叶摘心。冬季修剪时，根据已形成主蔓的粗度进行修剪，剪口径粗 0.8～1.0 厘米。对长势好、特别长的枝蔓，剪口粗度可以放宽，较细枝蔓的剪口粗度可放至 0.7 厘米。水平部分枝蔓长度为 40～50 厘米，即以绑缚在底层铁丝上时，两株的蔓相碰为宜。修剪后，绑缚在第一道铁丝上，呈"T"字形。

第二年以后，根据品种来决定结果枝的距离。藤稔葡萄及多数欧美杂种葡萄植株，每隔 50 厘米留 1 条结果枝，主干附近留 4 条枝，以留 5～7 个芽进行中梢修剪；无核白鸡心葡萄植株，每隔 30 厘米左右留 1 条结果枝，主干附近留 6～7 条结果枝，进行留 7～9 个芽的中梢修剪。夏季将结果枝分别绑缚到上部的铁丝上，呈"V"字形。

（2）宽面 80°V 形架树形培养 该树形是由浙江省诸暨农业局科技示范园在美人指葡萄上试验总结成，解决了美人指葡萄成花难的问题；在其他难成花的欧亚种葡萄上亦可借鉴。其关键技术是经过 5～6 次摘心，培育 6 条以上主蔓，控制新梢旺长，增加冬芽营养积累，促使花芽分化。具体操作分两个阶段进行。

第 1 阶段经过 2～3 次摘心形成 6～8 条主蔓。有 2 种方法：一种是经 2 次摘心培育 6 条主蔓。发梢后选择长势健旺的 1 条，其余抹除，先培育 1 条主蔓。多数苗达到和超过离地面 50 厘米时，在 50 厘米处同一高度第 1 次摘心，培育顶端 2 个副梢；多数副梢主蔓达到和超过离地面 70 厘米，在 70 厘米处同一高度第 2 次摘心，每个主蔓上培育顶端 3 个副梢，1 株形成 6 条主蔓。另一种方法是经过 3 次摘心培育 6～8 条主蔓，即离地面 50 厘米高时，第 1 次摘心，形成 2 条副梢主蔓，70 厘米高时摘心，形成 4 条副梢主蔓，90 厘米高时摘心，形成 6～8 条副梢主蔓。在同一块园里，这两种方法可"因树制宜"进行。生长快的可 3 次摘心，培育 6～8 条主蔓；生长中等的可 2 次摘心培育 6 条主蔓；少数植株生长慢，可摘心 1 次或 2 次，培育 2～4 条主蔓，使全园植株主蔓生长高度大致上保持均衡。

第 2 阶段为提高主蔓冬芽的质量。主蔓培育定位后，长势强旺的主蔓分别在离地面 1.2 米、1.5 米、1.8 米处摘心，长势一般的主蔓分别在离地面 1.2 米、1.6 米处摘心。使大量营养集中积累在摘心下部的主蔓冬芽上，促使冬芽花芽分化。

1.6～1.8米摘心后发出的顶端副梢可继续留1条副梢培育,长势旺的也可留2条副梢培育,长至40～50厘米摘心;以后发出的副梢已进入冬季,视情况剪除一部分。

副梢处理:第1次摘心的以下副梢,待顶端副梢长到10厘米以上分批抹除;其上副梢均留1片叶摘心,增加冬芽的营养积累。

3.高、宽、垂架采用的树形及培养

高、宽、垂树形的培养,主蔓在底层拉丝下40厘米处第1次摘心或剪梢,培育2条副梢主蔓,底层拉丝下20厘米处第2次摘心或剪梢,培育6条副梢主蔓上架。少数植株生长慢,可摘心1次培育2条副梢主蔓,或摘心2次培育3～4条副梢主蔓,使全园植株主蔓生长高度大致上保持均衡。

主蔓培育定位上架后,副梢主蔓长至架上摘心,架后在架面上30厘米处和60厘米处摘心或剪梢共3次;长势较弱的可在30厘米处、70厘米处摘心或剪梢2次,使大量营养集中积累在摘心或剪梢下部的主蔓及冬芽上,促使冬芽花芽分化。以后顶端发出的副梢留1条或2条(生长旺盛的主蔓)再长至40～50厘米摘心。以后发出的副梢已进入秋季,视情况剪除部分。

副梢处理:第1次摘心或剪梢的以下副梢,可分批全部抹除或留1叶绝后摘心;其上副梢均留1叶绝后摘心,增加冬芽的营养积累。

五、葡萄冬季修剪的技术、步骤及注意事项

长梢修剪的缺点有：

① 对那些短梢修剪即可丰产的品种，若采用长梢修剪易造成结果过多；

② 结果部位容易出现外移；

③ 母枝选留要求严格，因为每一长梢，将负担很多产量，稍有不慎，可造成较大的损失。

短梢修剪与长梢修剪在某些地方的表现正好相反。在某一果园究竟采用什么修剪方式，取决于生产管理水平、栽培方式和栽培目的等多方面因素。

（2）疏剪 把整个枝蔓（包括一年和多年生枝蔓）从基部剪除的方法，称为疏剪。疏剪的主要作用如下。

① 疏去过密枝，改善光照条件和营养物质的分配；

② 疏去老弱枝，留下新壮枝，以保持生长优势；

③ 疏去过强的徒长枝，留下中庸健壮枝，以均衡树势；

④ 疏去病虫枝，防止病虫害的危害和蔓延。

（3）缩剪 把二年生以上的枝蔓剪去一段留一段的剪枝方法，称为缩剪。缩剪的主要作用有：

① 更新树势，剪去前一段老枝，留下后面新枝，使其处于优势部位；

② 防止结果部位的扩大和外移；

③ 具有疏密枝、改善光照作用，如缩剪大枝尚有均衡树势的作用。

以上三种基本修剪方法，以短截方法应用得最多。

1. 结果母枝的更新

结果母枝更新的目的在于避免结果部位逐年上升外移和造成下部光秃，修剪手法如下。

（1）双枝更新 结果母枝按所需要长度剪截，将其下面邻近的成熟新梢留 2 芽短截，作为预备枝。预备枝在翌年冬季修剪时，上一枝留作新的结果母枝，下一枝再行极短截，使其形成新的预备枝。原结果母枝于当年冬剪时被缩剪掉，以后逐年采用这种方法依次进行。双枝更新要注意预备枝和结果母枝的选留，结果母枝一定要选留那些发育健壮充实的枝条，而预备枝应处于结果母枝下部，以免结果部位外移。

（2）单枝更新 冬季修剪时不留预备枝，只留结果母枝。次年萌芽后，选择下部良好的新梢，培养为结果母枝，冬季修剪时仅剪留枝条的下部。单枝更新的母枝剪留不能过长，一般应采用短梢修剪，不使结果部位外移。

2. 多年生枝蔓的更新

经过年年修剪，多年生枝蔓上的"疙瘩"、"伤疤"增多，影响输导组织的畅通；另外对于过分轻剪的葡萄园，下部出现光秃，结果部位外移，造成新梢细弱，果穗果粒变小，产量及品质下降，遇到这种情况就需对一些大的主蔓或侧枝进行更新。

（1）大更新 凡是从基部除去主蔓，进行更新的称为大更新。在大更新以前，必须积极培养从地面发出的萌蘖或从主蔓基部发出的新枝，使其成为新蔓，当新蔓足以代替老蔓时，即可将老蔓除去。

（2）小更新 对侧蔓的更新称为小更新。一般在肥水管理差的情况下，侧蔓4～6年需要更新1次，一般采用回缩修剪的方法。

【知识链接】

冬季修剪的步骤及注意事项

（1）修剪步骤 葡萄冬季修剪步骤可用四字诀概括为："看"、"疏"、"截"、"查"，具体表现如下。

看：即修剪前的调查分析。要看品种、看树形、看架式、看树势、看与邻株之间的关系，以便初步确定植株的负载能力，以大体确定修剪量的标准。

疏：指疏去病虫枝、细弱枝、枯枝、过密枝、需局部更新的衰弱主侧蔓以及无利用价值的萌蘖枝。

截：根据修剪量标准，确定适当的母枝留量，对一年生枝进行短截。

查：经过修剪后，检查一下是否有漏剪、错剪，复查补剪。

总之，看是前提，做到心中有数，防止无目的动手就剪；疏是纲领，应根据看的结果疏出个轮廓；截是加工，决定每个枝条的留芽量；查是查错补漏，是结尾。

（2）修剪注意事项 在修剪操作中，应当注意如下事项。

① 剪截一年生枝时，剪口宜高出枝条节部3～4厘米，剪口向芽的对面略倾，以保证剪口芽正常萌发和生长。在节间较短的情况下，剪口可放至上部芽眼上。

② 疏枝时剪、锯口不要太靠近母枝，以免伤口向里干枯而影响母枝养分的输导。

③ 去除老蔓时，锯口应削平，以利愈合。不同年份的修剪伤口，尽量留在主蔓的同一侧，避免造成对口伤。

第四节　葡萄枝蔓及花果管理

一、葡萄枝蔓出土后的管理

1. 北方葡萄枝蔓出土的时间及管理

我国北方各地区葡萄埋土防寒和出土时间早晚不同。一般在春季平均气温达

10℃以上，当地山桃花开放时，应及时出土上架。这时要注意做好两个方面的工作。①要适时出土。出土过早，地温较低，根系不能吸收水分及养分，枝蔓长期暴露在空气中容易失水，造成枝芽抽干；出土过晚，气温及地温已上升，容易使芽在土中发霉或芽眼萌发，出土上架时容易碰掉芽眼，造成损失。②注意防止晚霜危害。经常发生晚霜的地区，要适当晚出土，以免造成霜害。

2. 剥除老翘皮及喷洒石硫合剂

葡萄在生长过程中，由于枝蔓加粗，新老更新，老蔓上每年都有一层死皮翘起。老翘皮不仅影响植株的新陈代谢，还是病虫隐藏的场所，并且影响喷施石硫合剂防治病虫害的效果。因此，在葡萄上架前应及时剥除老翘皮，集中深埋或烧毁，以减少病虫来源。

在葡萄芽眼尚未萌动时，喷3~5波美度的石硫合剂；或在芽眼刚萌动时，喷1~2波美度石硫合剂。要求喷洒细致全面，植株、架材、地面以及附近的建筑等都要喷到。

二、葡萄枝蔓上架引绑

北方埋土防寒地区，当芽眼开始萌动时及时进行枝蔓引绑上架。如枝蔓引绑过早，由于顶端优势，下部芽眼萌发不齐，引绑过晚，容易碰掉嫩芽。

1. 葡萄枝蔓上架引绑方法

葡萄枝蔓的引绑材料有草绳、布条、麻绳、塑料绳等。将引绑材料在铁丝上缠绕两圈，交叉拧紧，将枝蔓固定打结引绑即可。这种方法既能使枝蔓固定，又给枝蔓加粗生长留有空间，并且下架剪断引绑材料后，可减少病虫隐蔽场所。

2. 葡萄主要架式及树形枝蔓上架引绑

葡萄枝蔓引绑应根据架式及树形的要求，将枝蔓引绑在适当的位置。

（1）单臂篱架自由扇形枝蔓上架 篱架上的自由扇形树形，主蔓、侧蔓在篱架面上要分布均匀，从植株基部向株间两侧呈扇形的倾斜引绑，要求主侧蔓在架面上的间距为40~50厘米。顶端的结果母枝长势强者呈水平或弯曲式引绑，长势中庸者倾斜引绑。

（2）单臂篱架双臂双层水平型树形引绑 在不下架防寒的地区篱架上的双臂双层水平型树形，第一层主蔓呈水平式引绑在第一道铁丝上，结果枝倾斜引绑在第二道铁丝上，第二层主蔓水平引绑在第三道铁丝上，结果枝倾斜引绑在第四道铁丝上。结果母枝的引绑与前者相同。

（3）双十字 V 形树形的引绑　V 形树形的引绑，首先将两个主蔓分别引绑在立柱 2 根横梁两端的铁丝上，形成"V"字形的树形骨架。结果母枝或结果枝组在铁丝上下垂结果与生长。

3. 葡萄新梢引绑方法

新梢引绑的目的主要是使新梢均匀分布在架面上，构成合理的叶幕层，以利于通风透光，减少病虫害发生。新梢引绑主要有倾斜式、水平式、垂直式、弯曲式及吊枝等引绑方法，应根据架式、新梢位置和长势以及气候条件等灵活应用。倾斜式引绑多用于引绑篱架及棚架的立架面上的中庸新梢，能使新梢长势继续保持中庸，发育充实，提高坐果率及促进花芽分化；水平式引绑多用于篱架超强直立枝和棚架的超强的延长枝，以控制长势；垂直式引绑一般用于细弱的新梢，利用极性促进枝条生长；弯曲式引绑一般用在棚架面上的直立强旺新梢或篱架面上母枝顶端的直立强旺新梢，以花序为最高点弯曲引绑，控制其极性生长，缓和长势，促进枝条充实，较好地形成花芽，提高坐果率；吊枝多用于风大的地区，为了防止风大折断新梢，在新梢尚未达到铁丝位置时就用引绑材料将新梢顶端拴住，吊绑在上部的铁丝上，一般在新梢长到 30 厘米左右时进行，风大地区应尽早引绑，以防止被风折断。

三、葡萄抹芽与定枝

1. 抹芽的时期与方法

在葡萄萌芽后，当芽长到 1 厘米左右时进行第一次抹芽。先将主蔓基部 40～50 厘米以下无用的芽一次抹去；再将结果母枝上发育不良的基芽和双芽、三芽中的瘦、弱芽抹去，保留粗大而扁的花芽。第二次抹芽在芽长 2～3 厘米，能够看清有无花序时进行，将结果母枝前端无花序及基部位置不当、瘦弱的芽抹掉，保留结果母枝前端有花序的芽作为结果母枝，基部位置好的芽作预备枝，或称营养枝。

2. 定枝的时期与方法

定枝是对架面留枝密度的调整，决定植株新梢的分布、果枝比和产量。如在单臂篱架的单、双层水平树形一般每平方米架面上留新梢12～15个；棚架龙干形或自由扇形树形每平方米架面上留新梢10～14个。在新梢长到10～15厘米，能够看清花序大小时进行定枝。选留有花序的中庸健壮的新梢，抹去过密的发育枝，使新梢分布合理，长势均衡。定枝时，结果枝留在结果母枝的前部，营养枝留在结果母枝的基部，用来培养成翌年的结果母枝。生产上按果枝比进行定枝。一般果穗大的品种结果枝与营养枝之比为2∶1，果穗小或坐果率偏低的品种以（3～4）∶1为宜。对于常发生风害的地区及准备采绿枝接穗的品种，要适当多留一些新梢，自然灾害或采完接穗后，结合绑梢再进行一次定枝，以便更好地调节营养，提高坐果率。

四、葡萄新梢的摘心

1. 结果新梢的摘心时期与方法

葡萄花期是新梢利用树体贮藏营养和利用新梢叶片制造营养的一个重要过渡时期。此时摘心，可有效地控制营养消耗，促进开花坐果和花芽分化。葡萄结果新梢的摘心时期及程度应根据品种确定。新梢生长较旺、落花落果严重的品种如玫瑰香、巨峰等，应在葡萄开花前3～5天在花序上留5～6片叶摘心；新梢长势中庸、坐果率较高的品种如京秀、凤凰51、红香妃、87-1等，应在初花期在花序上留4～5片叶摘心，对于生长势较弱的品种也可以不摘心；而对于一些生长势较强、花序较大、坐果率较高及果实容易日烧的品种如红地球、美人指等，应在开花期或开花后，在花序上留7～9片叶摘心。

2. 营养新梢的摘心时期与方法

葡萄的营养枝是指无花序的新梢，采用摘心可控制生长，调节营养，促进花芽分化和枝条木质化。营养新梢的摘心，在北方生长期少于150天的地区，留8～10片叶摘心；生长期在151～180天的地区，留10～12片叶摘心；生长期在181天以上的南方地区，留12～14片叶摘心。

3. 延长新梢摘心的时期与方法

主、侧蔓延长梢的主要作用是扩大树冠，以尽早完成树形。摘心可促进延长梢加粗生长和充分成熟。生长季节较长且生长势强的品种的延长梢应采用二段成蔓摘心方法，即当延长梢长到80～100厘米时，进行第一次摘心，留顶端第一个副梢，长到70～80厘米时，再进行摘心。生长期较短的北方地区在立秋前后摘心，延长梢所留长度略长于冬季剪留长度，冬剪时在第一次摘心附近留饱满芽剪截即可。

五、葡萄副梢的利用与管理

【知识链接】

副梢及其处理

副梢是葡萄植株的重要组成部分。副梢管理的目的就是要保证叶幕层合理，有足够的叶面积，增加光合作用强的新叶片面积，充分利用光能，提高光合作用效率，使之既能增加树体营养，又能够通风透光，从而提高浆果的品质和产量。另外，幼树还可利用副梢加速整形和提早结果。但副梢如果管理不好，会浪费树体营养，造成架面叶幕郁闭，影响通风透光，易发生病虫害而影响浆果的品质和产量。葡萄主梢摘心后由于抑制了顶端极性生长，受刺激的腋芽会萌发抽生副梢，副梢摘心，又会发出二次副梢……因此，对副梢必须及时处理，以免消耗营养、干扰架面。

1. 结果枝上副梢的处理方法

（1）主梢上全部的叶腋副梢均保留不抹，各留1～3片叶摘心，二次副梢再留1～2片叶摘心，三次副梢完全除去。

（2）花序以下副梢全部除去，以上的副梢留1～2片叶反复摘心。高宽垂（高干、宽架、新梢下垂）栽培或利用短梢修剪的植株，花序以下的副梢应留1～2片叶，以促进冬芽发育，避免其被迫萌发。

（3）仅保留主梢顶端1～2个副梢，其余副梢全部抹去。对所留的1～2个副梢留4～6片叶摘心，发出的二次副梢，仅留先端1个，按3～5片叶摘心，其上发出的三次以上的副梢，皆留1～2片叶摘心或完全除去。

（4）主梢摘心后所有的副梢全部抹去，逼顶部冬芽萌发抽生冬芽副梢，冬芽副梢再留4～6片叶反复摘心。

2. 营养枝副梢的处理

营养枝摘心后，除顶端1～2个副梢留3～5片叶反复摘心外，其余副梢均留1

片叶摘心，并抠除副梢上的腋芽。

3. 延长枝副梢的处理

延长枝上的副梢，长势强旺的品种如无核白鸡心和红地球等，由于新梢容易徒长，冬芽花芽分化不良，可对延长枝提前摘心，促发副梢，利用副梢培养成翌年的结果母枝；对于生长势中庸的品种，摘心后顶端的第一副梢继续延长生长，立秋前后再摘心，其余副梢均留 1 片叶摘心，并抠除副梢上的腋芽；对于生长势较弱的品种及植株，其副梢处理与营养枝副梢处理相同。

六、葡萄花序、果穗及果粒管理

1. 疏剪花序的时期与方法

疏剪花序是在抹芽定枝的基础上进一步调整负载量，以减少营养消耗，提高坐果率和果实品质，达到优质高效的目的。疏剪花序，对于树体生长势较弱而坐果率较高的品种如金星无核、香妃等要尽早进行；对于生长势较强、花序较大的品种如红地球、美人指等，以及落花落果严重的品种如巨峰、玫瑰香等，待可看清花序形状大小时进行，将位置不当、分布较密以及发育较差的弱小花序疏掉。疏花序按粗壮果枝留 1～2 个花序，中庸枝留 1 个花序，细弱枝不留的原则进行。

2. 花序整形

巨峰群品种整穗的时期，以开花前一星期左右为好，到了开花期即应结束。整穗过早，则穗形紊乱，效果也不显著，所以不要整穗过早。整穗也可以提高果穗的商品性，方法上应以控制穗形为重点。首先，要去除穗肩及副穗；其次，在主轴基部除去 4～5 个支轴；再次，打去穗尖 1/5～1/4。

对玫瑰香葡萄，应在开花前一周掐去花序先端 1/5～1/4 的穗尖，并除去副穗。此外，还需要疏去部分小穗，以便穗形美观。

红地球葡萄，应在花前一周掐去穗尖的 1/4，掐去果穗肩部副穗，使穗形端正美观，大小一致。

3. 花前喷硼

硼能促进葡萄花粉粒的萌发、授粉受精和子房的发育，缺硼会使花芽分化、花粉的发育和萌发受到抑制。一般在开花前 10 天左右喷施 1～2 次 0.1%～0.2% 硼砂溶液或速乐硼 1000 倍液，可有效提高坐果率，减少落花落果。

4. 修果穗和疏果粒的时间与方法

修果穗是剪去过长的副穗和穗尖，使果穗紧凑，穗形整齐美观。

疏果粒就是疏掉果穗中的畸形果、小果粒、病虫果粒以及密挤的果粒。第一次疏果粒在自然落果后进行，第二次疏果在果粒达黄豆粒大小时进行。疏果粒一般的标准为，自然果粒平均粒重在6克以下的品种，每穗留50～60粒为宜；平均粒重6～7克的品种，每穗留45～50粒；平均粒重在8～10克的品种，每穗留41～45粒；平均粒重大于11克以上的品种，每穗留35～40粒。但是还要根据具体品种的具体特性来确定留果粒数。

巨峰葡萄要求在盛花后15～25天完成疏果粒为好，方法是摘除小粒果、内生果、过密果，使果粒大小均匀、松紧适度，因特别大的果粒常着色不好，也应摘除。摘粒后，着生在一个支轴上的果粒数，依其部位而有不同。摘粒后的果穗用一个模型表示分成15段，即自基部起为4-4-3-3-2-2-2-2-2-1-1-1-1-1-1，共计30粒。

七、防止落花落果的措施

葡萄落花落果的原因

（1）生理缺陷　与品种本身特性有关，胚珠发育异常，雌蕊发育不健全，部分花粉不育，从而导致落花落果，如巨峰品种。

（2）气候异常　葡萄开花期要求白天温度在20～28℃，最低气温在14℃以上，相对空气湿度在65%左右，有较好的光照条件。开花期气候异常，如低温、降雨、干旱等气候条件，将直接影响授粉受精，导致落花落果。

（3）树体营养贮备不足　葡萄开花时需要较多的营养物质，主要是由茎部和根部贮藏的养分供给。如上年度负载量过多或病虫害严重，造成枝条成熟度不好或提早落叶，树体营养贮备不足，花序原始体分化不良，发育不健全，必然导致开花期落花，花后落果。

（4）树体营养调节分配不当　葡萄开花前到开花期其营养生长与生殖生长共同进行，互相争夺养分。如抹芽、定枝、摘心、副梢处理不及时，浪费大量树体营养。树体养分主要供给了营养生长，而生殖生长营养不足，则花器官分化不良，造成授粉受精不良，将导致落花落果。

（5）综合管理技术不协调　抹芽、定枝、摘心没有及时进行，通风透光不良；花期灌水或喷施农药，如氮肥施用量偏多，新梢徒长，病虫害防治不及时，霜霉病、穗轴褐枯病等病虫害发生严重，将造成落花落果。

防止落花落果的方法如下：

1. 控制产量，贮备营养

根据土壤肥力、管理水平、气候、品种等严格控制负载量，每亩产量控制在

1500 千克左右。保证果实、枝条正常充分成熟，花芽分化良好，使树体营养积累充足，完全能够满足翌年生长、开花、授粉受精等对养分的需求。

2. 增施有机肥，提高土壤肥力

增施有机肥，及时追肥，根据土壤肥力每亩秋施优质基肥 5000～8000 千克，并根据树体各物候期对营养元素的需求，适时适量追施速效性化肥，提高土壤肥力，保证营养元素的均衡供应。增施有机肥不但能够提高土壤肥力，并且能够改善土壤结构，为葡萄根系生长创造良好的环境条件，增加根系的吸收能力。

3. 及时抹芽、定枝、摘心和处理副梢

及时抹芽、定枝、摘心，减少养分的消耗，促进花序的进一步发育。通过摘心使养分更多地流向花序。根据预期产量，及时疏除多余的花序和整形，节省养分，可保证开花、授粉受精对养分的需求。

4. 花前喷硼肥

在开花前 7～10 天喷施 1～2 次 0.3％硼砂溶液，促进花粉萌发及花粉管伸长，对提高坐果率及增加产量、提高品质有明显的效果。

5. 初花期环剥

为了提高坐果率，应在开花期用双刃环剥刀或芽接刀在结果枝着生果穗的前部约 3 厘米处或前个节间进行环剥。环剥口深达木质部，宽 2～3 毫米。环剥后，将剥皮拿掉，用洁净的塑料薄膜将环剥口包扎严紧，以利于剥口愈合。

第五节　肥、水、土管理

一、避雨栽培期肥、水、土特点

葡萄避雨栽培由于避雨范围的畦面避免了雨淋或减少了雨淋，与露地栽培葡萄园直接雨淋比较，有以下不同。

1. 覆膜期肥料淋失少，利用率高

无论南方、北方采用避雨栽培，避雨期一般为集中降雨期，自然降水被棚膜阻隔，被雨水淋失的肥料减少，肥料利用率比露地栽培提高。

2. 覆膜期土壤溶液浓度容易提高

据研究，在露地栽培的条件下，土壤溶液浓度一般在 3000 毫克/升左右，葡萄不受危害；土壤溶液浓度若达到 3000～5000 毫克/升（土壤溶液中可测出极少量的铵离子的积累），根系对养分、水分吸收开始失去平衡，引起生长发育不良；土壤溶液浓度达到 5000 毫克/升（土壤溶液中可测出铵离子的积累），对钙的吸收受阻，导致叶片变褐；总盐浓度在 10000 毫克/升以上，葡萄发生直接的浓度障碍，致使全株枯萎。

避雨覆膜期，避免了雨淋，如施肥不当，土壤溶液浓度易提高，导致肥害。施用的肥料中剩余盐类被淋溶减少，葡萄不会吸收硫酸根和氯离子而使其残留在土壤中，经毛细管作用，把较深层中的盐类带到土壤表层，导致土壤耕作层盐类积聚。尤其是北方偏碱性的土壤，土表会出现返盐现象。

3. 覆膜期土壤水人为掌握，土壤中水、气较协调

土壤是由固相（土粒）、液相（水）和气相（空气）组成，土粒所占容积相对稳定（一般占土壤容积 50％左右）。水和空气所占比例由土壤水所决定，水多空气减少，水少空气增加。较合理的比例是水和空气各占土壤容积 25％左右。露地栽培土壤水含量被雨水所左右，连续下雨，土壤含水量过高，土壤中空气不足，会导致缺氧，影响根系的生长；少雨时易出现土壤含水量不足，也影响根系和植株生长。避雨覆膜期土壤水按葡萄需求人为掌握，不会导致过干、过湿，水、气较协调，有利于葡萄根系和植株的生长。

二、科学施肥

【知识链接】

无公害葡萄栽培肥料施用准则

农业部发布了 NY/T 496—2002《肥料合理使用准则通则》和 NY/T 5088—2002《无公害鲜食葡萄生产技术规程》，对肥料的选用作了规定。避雨栽培的肥料施用均应遵照肥料使用准则。无公害栽培的葡萄园，对所施用的肥料有严格的要求，允许施用的肥料如下。

1. 农家肥

包括厩肥（猪、羊、牛、鸡、鸭、鹅、兔、鸽、蚕等粪尿肥），各种饼肥、堆肥、未经污染的泥肥。应用时应经过充分发酵、腐熟。

2. 绿肥和作物秸秆肥

种植的绿肥及作物秸秆。

3. 商品有机肥

以生物物质、动植物残体、排泄物、生物废弃物等为原料，加工制成的肥料。

4.腐殖酸类肥料

以草炭、褐煤、风化煤为原料生产的腐殖酸类肥料。

5.生物肥料

是特定的微生物菌种生产的活性微生物制剂，无毒无害，不污染环境，通过微生物活动改善营养或产生植物激素，促进植株生长。目前微生物肥料分为五类。

（1）微生物复合肥　它以固氮类细菌、活化钾细菌、活化磷细菌三类有益细菌共生体系为主，互不拮抗，能提高土壤营养供应水平，是生产无污染无公害食品、绿色食品的理想肥源。

（2）固氮菌肥　能在土壤和作物根际固定氮素为作物提供氮素营养。

（3）根瘤菌肥料　能增加土壤中氮素营养。

（4）磷细菌肥料　能把土壤中难溶性磷转化为作物可利用的有效磷，改善磷素营养。

（5）磷酸盐菌肥　能把土壤中的云母、长石等含钾的磷酸盐及磷石灰石进行分解释放出钾。

6.有机复合肥

有机和无机物质混合或化合制剂。如经过无公害处理后的畜禽粪便，加入适量的锌、锰、硼等微量元素制成的肥料及发酵废液干燥肥料等。

7.无机（矿物）肥料

包括氮肥、磷肥、钾肥、硫肥、钙肥、镁肥及复合（混）肥等。

（1）氮肥　常用的氮肥有尿素、碳酸氢铵、硫酸铵和氧化铵等。尿素含氮量为46%，白色晶体或颗粒，易溶于水，水溶液呈中性。常温下不易分解。尿素施入土壤后在微生物的作用下转化为碳酸氢铵，然后为作物吸收。尿素适宜做基肥或追肥，施肥后应及时灌水。另外，尿素还适宜用做叶面追肥，常用浓度为0.2%～0.3%。

（2）磷肥　常用的有过磷酸钙和钙镁磷肥等。过磷酸钙主要成分为五氧化二磷，含量为12%～20%，易吸湿结块。过磷酸钙一般作基肥施用，与有机肥混合使用，可减少磷的固定。钙镁磷肥是常用的弱酸溶性磷肥，含有效磷12%～20%。

参考施肥量：每生产100千克浆果一年需施纯氮0.25～0.75千克，磷0.25～0.75千克，钾0.35～1.1千克。根据葡萄需肥规律进行配方施肥或平衡施肥。

避雨栽培的避雨期肥料淋失减少，肥料利用率提高；避雨期叶幕层光照减弱，蔓叶光合产物相对减少，根据这些特点和生产优质果的要求，要科学进行施肥。

避雨栽培期施肥主要是膨果肥和着色肥两次肥料，推迟揭膜的还包括采果肥，其他几次肥料是在露地栽培条件下施用。因此避雨栽培葡萄园的施肥要根据品种特性、当地施肥经验，选用的肥料种类、施肥量、施用方法参照露地栽培肥料施用，进行科学施肥。应特别注意以下五项施肥技术。

1. 增施有机肥料和磷、钾肥料

提高葡萄果品质量，有机肥的用量按含氮计应达到全年施肥量50%左右。有机肥以畜、禽肥为主，能提高葡萄的含糖量。增施磷、钾肥对葡萄植株健壮生长和提高葡萄果品质量效果较显著，以施用氮、磷、钾复合肥为主，配施磷化肥和硫酸钾，使氮、磷、钾的比例达到1∶0.8∶1.1。

2. 避雨期膨果肥和着色肥的施用

施用量应比同品种露地栽培减少5%～10%左右，因施用肥料被雨水淋失减少，肥料利用率提高。避雨栽培条件下各个品种膨果肥和着色肥的施用肥料种类和施用量要通过实践，按优质栽培的要求确定。膨果肥氮、磷、钾配合施用，着色肥施用磷、钾肥为主。早熟品种因果实膨大期时间短，一般不施用着色肥。

肥水结合，在避雨栽培条件下施用肥料后必须及时供水，因肥料溶解于水才能被葡萄根系吸收；如不及时供水，根系吸收肥料养分很慢，土壤溶液浓度过高，导致肥害。供水量根据葡萄园土壤含水量确定。

3. 重视叶面肥的施用

避雨栽培的避雨期因光照减弱1/4～1/3，导致蔓叶略有徒长，表现为叶片较薄、叶色较淡，通过叶面施肥，增厚叶片，加深叶色，效果显著。

根外追肥是将肥料配成水溶液后喷施在叶面上，通过叶片表（背）面气孔和角质层透入叶内被吸收利用。

(1) 根外追肥的优点和效用 叶面追肥的优点为：吸肥均匀，蔓、叶、果均能吸收，发挥作用快，喷后15分钟至2小时内即可被吸收利用，3～5天叶片就能表现出来，25～30天作用消失；能及时补充营养，尤其是长势不好的树及其生长后期；能提高叶片光合强度0.5倍以上；肥料利用率高，成本低；可与一般防病农药混合使用。但叶面肥只能补充葡萄营养，不能代替根际施肥，葡萄矿质养分来源主要靠根部吸收。

(2) 叶面肥的选择 各地可根据试验效果来选择不同种类的叶面肥，如爱多收，金邦1号，植宝18，惠满丰，植物动力2003，802广增素，真菌肥王，绿芬威1号、2号、3号，敖绿牌营养液等。

(3) 叶面肥的施用 新梢长到20厘米即可施用，直至8月份。前期1个月喷用2次，后期1个月喷用1～2次，全期喷用8～10次。各种叶面肥交替施用，磷酸二氢钾和尿素应混合施用。

① 施用浓度　应按各种叶面肥的施用浓度要求施用，不可随意增加或降低施用浓度。

② 喷施时间　在葡萄生长期内均可喷施。选择无风或微风天喷施，最好在多云天或阴天喷施；晴天应在早晨露水干后至 10 时前或下午 4 时后喷施。避免在晴热天午间施用。

③ 喷施方法　先把肥料用少量水配成母液，然后按施用浓度稀释成溶液，要仔细喷雾。

④ 合理混用　多数叶面肥可与一般治虫、防病农药混合喷施，节省劳力。有些叶面肥如植物动力 2003 不能与农药混用。应按使用说明书，规定不能与农药混用的叶面肥必须单用。

⑤ 尿素选择　尿素内含有缩二脲，对叶片有毒害。根外追肥的尿素应满足缩二脲含量的国家标准：颗粒状一级品≤1％，二级品≤2％；结晶状一级品≤0.5％，二级品≤1％。尽量选用一级品。缩二脲含量超过国家规定的尿素，不能用于根外追肥。

⑥ 最后一次叶面肥施用应距采收期 20 天以上。

4. 微量元素缺素症及微量元素肥料的施用

葡萄所需的主要营养元素有氮、磷、钾、钙、镁、硼、铁、锌、锰等。氮是葡萄的蛋白质、核酸、叶绿素、酶、维生素和激素等的组成部分；磷是核酸、核蛋白、磷脂等的组成部分；钾常集中在植物的幼嫩组织，可以激活酶的活性，提高植物的保水和吸水能力，促进光合作用和光合产物的运转，提高葡萄的抗逆性，促进浆果成熟、增加糖分、提高品质；钙是细胞壁间层的重要组成元素，还可中和植物代谢过程中产生的有毒的有机酸，还是一些酶的组成成分与活化剂，有助于细胞膜的稳定性，促进钾的吸收、延缓细胞衰老；硼能改善有机物供应状况，促进碳水化合物的运转，能刺激花粉的萌发和花粉管的伸长，保证授粉受精过程的顺利进行和提高坐果率；镁是叶绿素的中心金属离子，还是多种酶的活化剂及一些酶的组成成分，并且是聚核糖体的成分，稳定核糖体的结构，促进蛋白质的合成；铁是葡萄树体内多种氧化酶、铁氧化还原蛋白和固氮酶的组成成分，影响葡萄树体的呼吸作用、光合作用和硝酸还原，在叶绿素的形成中不可缺少；锌在葡萄树体内可参与生长素的合成，促进吲哚乙酸和丝氨酸合成色氨酸进而生成生长素，还是多种酶的组成成分和活化剂，并且促进蛋白质的代谢，增强葡萄的抗逆性。其中氮、磷、钾、钙等称为大量营养元素，锌、硼、铁、镁等称为微量营养元素。

含有微量元素的肥料简称微肥。土壤中一般都含有足够的微量元素，供葡萄所用。生产实践表明，不少地区常发生微量元素不足的现象，出现缺素症，其原因是土壤中微量元素有效态含量太少。因此，多施有机肥和调节酸碱度是释放微量元素的关键。

（1）微量元素肥料 葡萄缺乏微量营养元素主要反应在缺乏氮、硼、锌、铁、锰等。出现缺素症状，根外追施补充；不出现缺素症状，一般不施用微量元素肥料。

（2）微量元素肥料施用

① 硼肥

a. 根际施用。催芽肥，每亩施硼砂或硼酸 3 千克左右，混于其他肥料施入土中。

b. 根外追肥。开花前 2 周与 1 周叶面喷施 0.2％的硼砂或硼酸，果实膨大期出现缺硼症状，继续喷施。

叶面喷施硼肥最好选用高效速溶硼肥，在常温水中易溶解。如用硼砂或硼酸，先在 70℃左右温水中溶解，然后再对水，因硼砂或硼酸在常温水中难溶解。

② 锌肥 叶面喷施，于花前 2～3 周喷施 0.2％硫酸锌，加 0.2％熟石灰中和酸性，避免药害。也可将 480 克硫酸锌和 359 克热石灰加入 100 千克水中，配成碱性硫酸锌喷叶片。要单独喷施叶面，不能和农药混用。

③ 铁肥

a. 叶面喷施。缺铁症初发期，喷施 0.2％～0.3％硫酸亚铁于叶面；缺铁症状较严重时，每隔 10～15 天，喷施 2～3 次。缺铁症严重的碱性土，每年都要叶面喷施。

b. 涂抹枝蔓。冬季修剪后，用 15％～20％硫酸亚铁水溶液涂抹结果母枝。

④ 镁肥

a. 叶面喷施。出现缺镁症时，喷施 3％～4％硫酸镁，缺镁症严重时，生长期喷施 3～4 次。

b. 根际施用。缺镁的葡萄园，在施用基肥或催芽肥时混用配施硫酸镁每亩 20～100 千克。

⑤ 锰肥 叶面喷施，缺锰葡萄园开花前喷施 0.3％硫酸锰液，加半量石灰。配法：一只容器盛 10 升水，溶解 300 克硫酸锰；另一只容器盛 10 升水，溶化 150 克生石灰（先用少量热水化开）形成石灰乳，将石灰乳加入硫酸锰液中搅拌，再加 80 升水，使总溶液达到 100 升。

5. 农家肥和化肥的施用

（1）农家肥施用 施用农家肥时，可施适量化肥，如尿素、磷酸二铵、过磷酸钙等，则效果更好。施入量一般为每亩施优质农家肥 5000 千克以上。不同的品种在不同的地区施肥量不同，如红地球葡萄，中国农业科学院果树研究所提出每亩施优质农家肥 6000～8000 千克，即每株施 50～100 千克；河北张家口地区提出每亩施优质农家肥 5000～7000 千克；辽宁地区提出每亩施优质农家肥 3000～

5000 千克。应根据当地的具体情况进行施肥。施入方法一般为在果实采收后用沟施方法，即在须根外部挖 1 条深 40~60 厘米、宽 20~40 厘米的沟，施肥后覆土灌水。

（2）化肥的施用　在施有机肥的基础上，一般每年追施 3~4 次化肥。第一次在发芽前，主要追施氮肥，施后及时灌水，以促进发芽；第二次在抽枝和开花前喷施硼肥，以提高坐果率；第三次在果实膨大期，主要追施复合肥，叶面喷施钙、镁、锰、锌等肥；第四次在果实着色初期，主要追施磷酸二氢钾。另外，根据不同的果园的营养状况，在不同的时期可通过叶面喷施的方法进行追肥。根据各个葡萄园的具体情况，每年喷施 3~4 次，前期以氮肥为主，如 0.2%~0.3% 尿素；后期以磷、钾肥为主，如磷酸二氢钾和钙镁磷肥复合肥等。

三、土壤的管理

葡萄园的土壤管理，应严格遵守农业行业标准 NYT391—2000《绿色食品产地环境技术条件》的规定，在定植沟改良的基础上，每年继续施有机肥，扩沟改土，对行间土壤也要加强管理。土壤的管理方法、土壤管理水平的高低与土壤养分含量和养分供应密切相关，从而影响葡萄树体的生长和结果，土壤中有毒有害物质影响果实的食用安全性。所以，良好的土壤管理是生产绿色食品的前提，也是保护环境、实现可持续发展的基础。

1. 土壤改良

葡萄对土壤的适应性较强，在红壤、黄壤、沙壤或是黑钙土等土壤中均可进行栽培。但是，葡萄最适宜在肥沃、土质疏松、土层肥厚的土壤中生长。我国土地资源紧张，人均土地有限。因此，我国果树的发展方针是"上山下滩"。所以，在建园前后都要进行土壤改良，促进土壤保持或形成良好的结构，通透性良好，保水、保肥、减轻地表径流和风蚀，使根系健壮生长，满足葡萄多年生长发育的需要。

2. 葡萄园土壤管理制度

（1）果园清耕法　果园清耕是目前最为常用的葡萄园土壤管理制度。在少雨地区，春季清耕有利于地温回升，秋季清耕有利于晚熟葡萄利用地面散射光和辐射热，提高果实糖度和品质。清耕葡萄园内不种植作物，一般在生长季节进行多次中耕，秋季深耕，保持表土疏松无杂草，同时可加大耕层厚度。清耕法可有效地促进微生物繁殖和有机物氧化分解，显著地改善和增加土壤中有机态氮素。但如果长期采用清耕法，在有机肥施用不足的情况下，土壤中的有机物会迅速减少；清耕法还会使土壤结构遭到破坏，在雨量较多的地区或降水较为集中的季节，容易造成水土流失。

（2）果园覆盖法　果园覆盖是目前一种先进的土壤管理方法，适于在干旱和土壤较为瘠薄的地区进行，有利于保持土壤水分和增加土壤有机质。葡萄园常用的为秸秆覆盖，以减少土壤水分蒸发和增加土壤有机质。覆盖作物秸秆需避开早春地温回升期，以利于提高地温。

初次覆草果园，覆草前每亩应施入腐熟有机质的土杂肥 5000 千克后进行深翻改土，每株还应施入适量氮肥。覆盖应在灌水或雨后进行。不论是树盘覆草还是全园覆草，距葡萄树根部 50 厘米左右最好不覆盖。为防止风吹和火灾，可在草上压些土。

覆草多少根据土质和草量决定，一般每亩覆干草 1500～2000 千克，厚度 15～20 厘米，上面压少量土，连覆 3～4 年后浅翻 1 次，浅翻结合秋施基肥进行。

（3）果园间作法　果园间作一般在距葡萄定植沟埂 30 厘米外进行，以免影响葡萄的正常发育生长。间作物以矮秆、生长期短的作物为主，如花生、豆类、中草药、葱蒜类等。

（4）免耕法　免耕法主要利用除草剂除草，对土壤一般不进行耕作。这种土壤管理方法具有保持土壤自然结构、节省劳力、降低生产成本等优点。在劳动力价格较高的城郊葡萄园应用较多，常用的除草剂有拉索、草甘膦等。拉索是苗前除草剂，一般在春季杂草萌芽前喷施。草甘膦是广谱型除草剂，可通过杂草茎叶吸收向全株各部位输导而导致杂草死亡。

（5）生草法　在年降雨量较多或有灌水条件的地区，可以采用果园生草法。草种用多年生牧草和禾本科植物，如毛叶苕子、三叶草、鸭茅草、黑麦草、百脉根、苜蓿等。一般在整个生长季节内均可播种。

四、水的管理

避雨栽培覆膜期北方正值果实膨大期，南方正值葡萄开花、坐果期和果实膨大期，葡萄需水量较大，由于避免了雨淋，要根据不同品种葡萄对水的需求和降雨量及土壤含水量情况，在葡萄生长期及时进行灌、排水。

1.灌水方式

（1）沟灌　沟灌是目前葡萄生产采用最普遍的灌溉方式，即通过管道将水引入葡萄定植沟内。

（2）滴灌　我国严重缺水，人均年占有水量仅为 2300 立方米，不足世界人均占有量的 1/4，每公顷耕地占有水量为 28320 立方米。我国农业灌溉水量每年约4000 亿立方米，其中 60% 左右被浪费掉。目前，我国大部分葡萄园仍采用地面灌溉。因此，采用节水灌溉技术势在必行。

2. 灌水时期

（1）**萌芽期** 进行浇水，使根系周围土壤中有充足的水分，促使葡萄萌芽整齐。

（2）**新梢生长早期** 当新梢已生长到 10 厘米以上时，可以进行大水灌溉，以利于加速新梢生长和花器官的发育，增大叶面积，增强光合作用，提供较多的碳水化合物，促进花器官充实，为开花坐果打好基础。

（3）**幼果膨大期** 是葡萄植株需水的高峰期，此时应该每隔 20～25 天浇一次水，如果降雨较多可以不浇或少浇。

（4）**果实采收后** 结合施基肥进行浇水。

（5）**休眠期** 为保证葡萄安全越冬应浇一次封冻水。

参考文献

[1] 王晨，王涛，房经贵等.果树设施栽培研究进展 [J].江苏农业科学，2009，4：197-200.

[2] 王玉忠，邵军辉，黄步青.设施葡萄产业发展现状与对策 [J].农业科技与信息，2011，9：36-37.

[3] 高东升.中国设施果树栽培的现状与发展趋势 [J].落叶果树，2016，48 (1)：1-4.

[4] 王海波，王孝娣，王宝亮等.我国设施葡萄产业现状及发展对策 [J].中外葡萄与葡萄酒，2009，9：61-65.

[5] 李明哲.设施鲜食葡萄生产现状与趋势 [J].中国果菜，2009，3：60-61.

[6] 孟新法，陈端生，王坤范.葡萄设施栽培技术问答 [M].北京：中国农业出版社，2006.

[7] 单传伦.南方大棚葡萄栽培新技术 [M].北京：中国农业出版社，2002.

[8] 王海波，王孝娣，王宝亮等.中国北方设施葡萄产业现状、存在问题及发展对策 [J].农业工程技术.温室园艺，2011，1：21-24.

[9] 陈永明，朱屹峰.醉金香葡萄无核化设施栽培技术（上）[J].新农村，2013，8：20-21.

[10] 陈永明，朱屹峰.醉金香葡萄无核化设施栽培技术（下）[J].新农村，2013，9：20-21.

[11] 王西平，张宗勤.葡萄设施栽培百问百答 [M].北京：中国农业出版社，2015.

[12] 吾尔尼沙·卡得尔，李疆.吐鲁番地区设施火焰无核葡萄春提高栽培技术 [J].现代农村科技，2013，10：68-69.

[13] 张志峰.设施葡萄周年管理技术 [J].现代农村科技，2012，20：23-24.

[14] 郝燕燕，郝瑞杰.葡萄设施栽培技术 [M].北京：中国农业出版社，2006.

[15] 秦占毅，任健.甘肃敦煌戈壁荒漠地区葡萄日光温室的建造及建园技术 [J].果树实用技术与信息，2013，2：21-22.

[16] 张铁兵.河北饶阳葡萄温室栽培关键技术 [J].果树实用技术与信息 [J]，2013，9：19-20.

[17] 王世平，张才喜.葡萄设施栽培 [M].上海：上海教育出版社，2005.

[18] 覃炳树.夏黑葡萄避雨栽培技术 [J].南方园艺，2011，22 (4)：33-35.

[19] 秦卫国，木合塔尔·艾合买提，费全风等.无加温温室葡萄生长发育特性研究 [J].中外葡萄与葡萄酒，2004，1：27-29.

[20] 邵军辉.高海拔冷凉地区设施延后葡萄休眠期管理技术 [J].果农之友，2013，3：15.

[21] 孙小娟，陵军成.葡萄延迟栽培技术 [M].兰州：甘肃科学技术出版社，2014.

[22] 蔡之博，赵常青，康德忠等.沈阳地区日光温室葡萄实现连续丰产的树体管理方法 [J].中外葡萄与葡萄酒，2012，2：36-38.

[23] 谢计蒙，王海波，王孝娣等.设施促早栽培适宜葡萄品种的筛选与评价 [J].中国果树，2012，4：36-40.

[24] 刘延松，李桂芬.设施栽培条件下葡萄盛花期的光合特性 [J].园艺学报，2003，30 (5)：568-570.

[25] 刘延松，李桂芬.葡萄设施栽培生理基础进展.园艺学报，2002，29：624-628.

[26] 杨治元.葡萄 100 个品种特性与栽培 [M].北京：中国农业出版社，2007.

[27] 赵常青，蔡之博，康德忠等.葡萄促成栽培休眠障碍与花芽分化异常表现与解决方法 [J].中外葡萄与葡萄酒，2013，3：32-33.

[28] 赵宝龙，郁松林，刘怀锋等.日光温室葡萄促早高效套袋栽培技术 [J].北方园艺，2013，4：51-53.

[29] 周岩峰，李娟，刘超等.维多利亚葡萄沙地日光温室丰产栽培技术 [J].山西果树，2012，3：16-17.

[30] 冯晋臣.高效节水根灌栽培新技术 [M].北京：金盾出版社，2008.

[31] 杨治元.葡萄避雨十套袋栽培 [M].北京：中国农业出版社，2004.

[32] 吕印谱，马奇详.新编常用农药使用简明手册 [M].北京：中国农业出版社，2013.

[33] 修德仁，商佳胤.葡产期调控技术 [M].北京：中国农业出版社，2012.

［34］ 陈大庆，王兴平，管小英.浅谈张掖市设施延后葡萄产业发展中的误区［J］.甘肃林业科技，2013，38（2）：40-41.

［35］ 郭景南，魏志峰，高登涛等.葡萄设施延迟栽培适宜地区与品种［J］.西北园艺，2012（2）：11-13.

［36］ 赵胜建.葡萄精细管理十二个月［M］.北京：中国农业出版社，2009.

［37］ 李青云.园艺设施建造与环境调控［M］.北京：金盾出版社，2008.

［38］ 刘捍中，刘风之.葡萄无公害高效栽培［M］.北京：金盾出版社，2009.

［39］ 孙培琪，刘婧，贾建民.不同药剂对打破玫瑰香葡萄芽休眠的效果研究［J］.中国农学通报，2011，27（8）：222-225.

［40］ 韩秀鹏.鄯善县棚架式设施葡萄周年管理工作历［J］.现代园艺，2012，17：83-84.

［41］ 刘志民，马焕普.优质葡萄无公害生产关键技术问答［M］.北京：中国农业出版社，2008.

［42］ 李茂松.葡萄品种无核早红和维多利亚在河北饶阳设施栽培技术［J］.果树实用技术与信息，2013，8：18-19.

［43］ 宋文章，马永明.葡萄栽培图说［M］.上海：上海科学技术出版社，2012.

［44］ 李青云.园艺设施建造与环境调控［M］.北京：金盾出版社，2008.

［45］ 荆志强，王恒振，李丰国等.山东平度大泽山地区泽香葡萄延迟栽培技术［J］.中外葡萄与葡萄酒，2013，4：39-40.

［46］ 董清华，朱德兴，张锡金，王志忠.葡萄栽培技术问答［M］.北京：中国农业出版社，2008.

［47］ 刘学平，陶建敏，高福新.南京地区葡萄避雨栽培 H 形整形及根域限制栽培技术［J］.中国南方果树，2012，41（6）：86-88.

［48］ 石雪晖.葡萄优质丰产周年管理技术［M］.北京：中国农业出版社，2002.

［49］ 王江柱，赵胜建，解金斗.葡萄高效栽培与病虫害看图防治［M］.北京：化学工业出版社，2012.

［50］ 蒯传化，刘三军，于巧丽.葡萄避雨栽培的架式结构［J］.果农之友，2011，12：27-28.

［51］ 王忠跃.中国葡萄病虫害与综合防控技术［M］.北京：中国农业出版社，2009.

［52］ 蒋锦标，卜庆雁.果树生产技术（北方本）［M］.北京：中国农业出版社，2011.

［53］ 李超.葡萄避雨栽培的方式、优点和成效［J］.现代园艺，2013，6：31.

［54］ 王道兴，崔保光，张崇林等.青提葡萄冬暖式大棚栽培技术［J］.落叶果树，2011，1：31-33.

［55］ 卜庆雁，周晏起.葡萄优质高效生产技术［M］.北京：化学工业出版社，2012.

［56］ 石雪晖.葡萄优质丰产周年管理技术［M］.北京：中国农业出版社，2003.

［57］ 梁秋云.竞秀葡萄日光温室栽培技术［J］.中国果树，2005，4：55-56.

［58］ 王鹏，吕中伟，许领军.葡萄避雨栽培技术［M］.北京：化学工业出版社，2011.

［59］ 汪学成.设施红地球葡萄延后栽培提质增效关键技术［J］.河北果树，2013，4：24-27.